梁芙蓉　編著

寫在最前面

學習育兒是一場修行

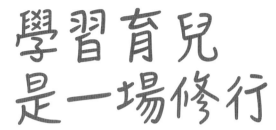

時刻學習做好父母

很多父母都有這樣的至深體會：一直自認為能當一位好媽媽或好爸爸，然而，當自己和寶寶朝夕相處的時候，才發現需要重新開始學習如何做稱職的好父母。

父母還會面對這樣的困惑：在面對寶寶時，常常做出情緒戰勝理智的事情，讓自己內疚、後悔不已。其實，父母完全可以理智地回應，讓寶寶開心，自己也達到目的。

我覺得所有的父母都不是聖人。所以，也不用過於自責，發現問題後能努力解決就相當棒了。

職場媽媽需適時自我調整

不少職場媽媽，在寶寶三四個月大的時候就返回了工作崗位，寶寶大部分時間都是由老人或外傭照看。媽媽陪寶寶的時間少了，自然會心生愧疚，再加上工作和家庭的雙重壓力，心情有時會變得很糟糕。

我覺得，職場媽媽調整自己的心態很重要，把工作時間和家庭時間作合理安排：週末休息時儘量帶寶寶出去玩玩，上上親子班、逛逛公園；平時下班能陪寶寶玩一會兒就玩一會兒，儘量在寶寶面前保持好心情，讓寶寶感受到媽媽溫暖的愛。

爸爸應該深度參與育兒

爸爸是男寶寶生命中重要的男性典範，對女寶寶來說，則是她生命中第一個異性典範。國外心理學家研究發現，爸爸參與較多的育兒工作，寶寶的語言能力更突出，解決問題的能力和社交能力也相對更強。

網絡熱點問題 TOP 40

餵養護理

1 出生時體重太輕，需要補鐵嗎？ /104
2 新生兒需要枕頭嗎？ /104
3 寶寶吃太少怎麼辦？ /104
4 寶寶吃完奶，嘴裏為甚麼會吐泡泡？ /105
5 寶寶頭髮愈剃愈好嗎？ /105
6 寶寶剛 3 個月，為甚麼最近拉的大便總是發綠？ /105
7 母乳餵養的寶寶還用餵水嗎？ /105
8 寶寶臉上脫皮，有甚麼好的解決辦法？ /106
9 生氣時給寶寶餵奶，會對寶寶產生不良影響嗎？ /106
10 寶寶長小牙了，如何避免咬媽媽乳頭？ /106
11 寶寶患了皰疹性咽峽炎，甚麼都不能吃，怎麼辦？ /106

疫苗

12 針卡有甚麼作用？ /126
13 寶寶注射疫苗後甚麼情況下需要就醫？ /126
14 疫苗是分「死」和「活」兩種嗎？兩者有甚麼區別？ /126
15 打疫苗要「忌口」嗎？ /127
16 寶寶打疫苗後發熱怎麼辦？ /127
17 嬰兒黃疸能打疫苗嗎？ /127
18 寶寶怕打針怎麼辦？ / 128

生病

19 寶寶不小心吃了過量的藥，該怎麼辦？ /168
20 如何給寶寶餵藥？ /168
21 糯米湯可治寶寶水樣便嗎？ /168
22 寶寶頻繁夜驚到底甚麼回事？ /168

23 能用兒語和寶寶說話嗎？ /182
24 如何糾正寶寶錯誤的發音？ /182
25 蹣跚學步時，寶寶學說話更快？ /182
26 寶寶 2 歲多了能背唐詩嗎？ /182
27 3 歲前，教寶寶識字好不好？ /227
28 寶寶喜歡看電視怎麼辦？ /227
29 寶寶不聽話怎麼辦？ /227
30 老愛問「為甚麼」，真的是寶寶好奇嗎？ /228
31 和寶寶說話，能用手勢嗎？ /228
32 寶寶過分依戀和黏人怎麼辦？ /228
33 寶寶怕黑怎麼辦？ /246
34 寶寶犯錯需要給點小懲罰嗎？ /246
35 如何培養寶寶的快樂情緒？ /246

智商心理

運動

36 瘦寶寶需要多游泳嗎？ /209
37 寶寶是不是都要經歷「七爬八坐」？ /209
38 寶寶適合做甚麼運動？ /210
39 寶寶多大可以玩滑板車？ /210
40 寶寶運動前也要做準備活動嗎？ /210

目錄

PART 1 嬰幼兒餵養及照護
寶寶吃好、睡好，才能身體好

12 **0～1 個月**	**64** 7～8 個月寶寶營養餐
12 0～1 個月寶寶的生長特點	65 寶寶日常照料及能力訓練
12 0～1 個月 焦慮關鍵詞：母乳餵養	68 7～8 個月寶寶異常情況處理
14 科學餵養，營養一生	**69** **9～10 個月**
16 新生兒的餵養：母乳餵養	69 9～10 個月寶寶的生長特點
24 新生兒的餵養：人工餵養	**69 9～10 個月 焦慮關鍵詞：營養素補**
26 新生兒日常照料	**不補**
30 新生兒異常情況處理	70 可以吃丁塊狀、指狀食物了
32 **2～3 個月**	73 9～10 個月寶寶營養餐
32 2～3 個月寶寶的生長特點	74 寶寶日常照料及能力訓練
32 2～3 個月 焦慮關鍵詞：該不該用安	76 9～10 個月寶寶異常情況處理
撫奶嘴	**77** **11～12 個月**
33 快速生長期，營養要跟上	77 11～12 個月寶寶的生長特點
35 哺乳媽媽催乳食譜推薦	**77 11～12 個月焦慮關鍵詞：斷不斷奶**
36 寶寶日常照料及能力訓練	78 培養寶寶進入一日三餐模式
39 2～3 個月寶寶異常情況處理	81 11～12 個月寶寶營養餐
40 **4～5 個月**	82 寶寶日常照料及能力訓練
40 4～5 個月寶寶的生長特點	85 11～12 個月寶寶異常情況處理
40 4～5 個月 焦慮關鍵詞：隔代養育	**86** **1～2 歲**
41 寶寶知道饑飽了，餵養有講究	86 1～2 歲寶寶的生長特點
43 哺乳媽媽追奶食譜推薦	**86 1～2 歲 焦慮關鍵詞：配方奶繼續喝嗎**
44 寶寶日常照料及能力訓練	87 對食物愈來愈感興趣，飲食要多樣化
47 4～5 個月寶寶異常情況處理	90 1～2 歲寶寶營養餐
48 **6～7 個月**	91 寶寶日常照料及能力訓練
48 6～7 個月寶寶的生長特點	**94** **2～3 歲**
48 6～7 個月 焦慮關鍵詞：食物過敏	94 2～3 歲寶寶的生長特點
49 開始添加泥糊狀輔食了	**94 2～3 歲 焦慮關鍵詞：挑食、偏食**
54 6～7 個月寶寶營養餐	95 可以自己獨立進餐了
55 寶寶日常照料及能力訓練	98 2～3 歲寶寶營養餐
58 6～7 個月寶寶異常情況處理	99 寶寶日常照料及能力訓練
60 **7～8 個月**	**102** 梁醫生直播室
60 7～8 個月寶寶的生長特點	**寶寶哭鬧該怎麼辦？怎麼搞定愛哭寶寶**
60 7～8 個月 焦慮關鍵詞：分離焦慮	**104** 專題 網絡點擊率超高的問答
61 會啃咬了，食慾大增，營養要均衡	

PART 2
寶寶的體檢與疫苗注射
健康是一種責任，預防大於治療

108 寶寶體檢
108 新生兒做體檢，記住 3 個數字
109 0～3 歲寶寶需要做的體檢項目
111 在家可做的檢查
113 寶寶進行定期體檢的重要性
114 科學打疫苗
114 免費疫苗、自費疫苗指的是甚麼
115 打疫苗前做哪些準備
116 寶寶打疫苗的時間表

118 接種疫苗後會出現哪些不良反應
119 打疫苗後一般多久出現症狀
120 過敏寶寶接種疫苗應注意甚麼
121 流感疫苗接種講究多
122 乙肝疫苗 3 次種不上不必再糾結
123 入學前，查查針卡
124 梁醫生直播室
自費疫苗到底打不打
126 專題 網絡點擊率超高的問答

PART 3
寶寶生病
好父母是寶寶的「第一醫生」

130 醫生的提醒
130 要馬上帶寶寶去看醫生嗎
131 帶寶寶看病的 4 個提醒
132 關於帶寶寶看病的 7 條建議
133 感冒、發熱
133 預防寶寶感冒
134 高燒，要用退燒藥有效退燒
135 甚麼情況下採取溫水擦浴
136 感冒、發熱飲食指導
137 感冒、發熱食療方
138 退燒推拿方
139 咳嗽
139 5 種咳嗽須上醫院

140 咳嗽有痰無痰，處理不一樣
141 如何照顧咳嗽的寶寶
142 咳嗽飲食指導
143 止咳食療方
144 咳嗽推拿方
145 肺炎
145 區分細菌性肺炎與病毒性肺炎
146 保持肺炎寶寶呼吸道通暢
147 肺炎飲食指導
148 肺炎食療方
149 肺炎推拿方
150 哮喘
150 喘，不等於哮喘

151	預防哮喘復發的措施	160	寶寶便便分哪幾類
152	哮喘飲食指導	161	腹瀉時如何預防脫水
153	哮喘食療方	162	腹瀉、便秘食療方
154	哮喘推拿方	163	腹瀉、便秘推拿方
155	**積食**	**164**	**嬰兒濕疹**
155	寶寶積食有哪些表現	164	濕疹是怎麼得的
156	積極預防積食	165	寶寶濕疹預防及應對
157	積食飲食指導	**166**	**梁醫生直播室**
158	積食食療方		寶寶熱性驚厥不要慌,掌握這些有備
159	積食推拿方		無患
160	**便便問題**	**168**	**專題 網絡點擊率超高的問答**

寶寶語言的發展
從哭笑喊叫到流利說話

PART 4

170	**寶寶表情**	178	1〜1.5 歲,進入「單詞句階段」
170	體態語:寶寶的特殊語言	179	1.5〜2.5 歲,進入「多詞句階段」
174	解讀寶寶哭泣的意義	**180**	**梁醫生直播室**
176	**語言的開發**		「貴人語遲」還是發育遲緩,寶寶為甚
176	0〜6 個月語言的啟蒙練習		麼說話晚
177	9〜12 個月語言的模仿練習	**182**	**專題 網絡點擊率超高的問答**
178	**語言學習**		

PART 5 寶寶的運動發展 好體質從小就要培養

184 **大動作訓練**
184 挖掘寶寶的運動潛能
186 寶寶大運動發育的時間
187 翻出新天地
188 協助寶寶順利坐起來
190 讓寶寶盡情地爬
192 怎樣做走得好
194 **精細動作發展**
195 **親子遊戲**
195 1 ～ 3 個月寶寶親子遊戲

197 3 ～ 6 個月寶寶親子遊戲
198 6 ～ 9 個月寶寶親子遊戲
200 9 ～ 12 個月寶寶親子遊戲
202 1 ～ 1.5 歲寶寶親子遊戲
204 1.5 ～ 2 歲寶寶親子遊戲
205 2 ～ 3 歲寶寶親子遊戲
206 **梁醫生直播室**
愛運動的寶寶長得高
209 **專題 網絡點擊率超高的問答**

PART 6 寶寶的智力開發與早教 聰明寶寶養成記

212 **感知能力開發**
212 在模糊中發展的視力
213 較早的智力能力：聽覺
214 口的敏感期：吃、啃、咬
215 深度解析寶寶的抓、搶、打
216 **記憶的發展**
216 3 歲前的寶寶，能記住甚麼
218 寶寶對顏色的認識有個過程
219 **喜人的想像**
219 兩三歲，想像力的啟蒙期

220 發展寶寶的想像力
221 讓寶寶的心靈活躍在色彩中
222 **思維能力發展**
222 寶寶 3 歲前的思維水平
223 鍛煉寶寶的思維力
224 如何對待寶寶問問題
225 識字、學知識不等於開發智力
226 **梁醫生直播室**
父母的思維決定寶寶的前途
227 **專題 網絡點擊率超高的問答**

PART 7

寶寶的心理和情緒管理
養育是父母的一場修行

230 餵飽心靈，讓寶寶的內心變強大
230 讓寶寶感受親密
231 和寶寶建立安全型依戀關係
232 理性看待寶寶的「安慰物」
233 向世界微笑：和寶寶一起牽手小夥伴
234 愛，讓寶寶快樂成長
**236 栽種積極情緒的根：自主、獨
　　立、自信**
236 爸媽禁語：好父母從不說
238 給寶寶自由成長的空間

239 獨立，這樣開始
240 3 歲前，實現和寶寶分床睡
241 增強寶寶的自信心
**242 給寶寶立規矩：建立規則與秩
　　序感**
242 如何給寶寶立規矩
243 幫助寶寶建立秩序感
245 ⏺ 梁醫生直播室
　　怎樣應對寶寶入學問題
246 專題　網絡點擊率超高的問答

PART 8

寶寶急救指南
快速應對突發意外

248 吞入異物
248 異物不同，應對方式不一樣
249 遭遇寶寶吞食異物，父母要學習的 2
　　個急救法
250 異物進入眼耳鼻
250 異物進入眼睛
251 異物進入耳朵
252 異物進入鼻腔
253 溺水及窒息
253 首先保證呼吸道暢通
254 根據口鼻大小做人工呼吸
255 根據身材大小做胸部按壓
256 劃傷、撞傷、燙傷
256 手部出血
257 鼻出血
258 頭部撞傷
260 摔倒磕傷

261 燙傷
262 動物咬傷和蚊蟲叮咬
262 貓狗咬傷
263 蚊蟲叮咬
264 螫傷
265 中暑
265 如何判斷寶寶是否中暑了
266 寶寶中暑後的急救措施
267 外出時如何預防寶寶中暑
268 食物中毒
268 上吐下瀉，注意是否食物中毒了
269 食物中毒的家庭應急措施
270 如何預防寶寶食物中毒
271 ⏺ 梁醫生直播室
　　寶寶吃錯藥，第一時間做甚麼

PART
1

嬰幼兒餵養及照護

寶寶吃好，睡好，
才能身體好

0 ～ 1 個月

✿ 0 ～ 1 個月寶寶的生長特點

性別 項目	男寶寶	女寶寶
體重適宜範圍（千克）	2.9 ～ 5.1	2.9 ～ 4.7
身長適宜範圍（厘米）	48.6 ～ 56.9	48.0 ～ 55.7

注： 以上數據均來源於衛生部 2009 年公佈的《中國 7 歲以下兒童生長發育參照標準》。

新生兒 緊握拳；能哭叫；搖鈴聲使全身活動減少

0 ～ 1 個月 焦慮關鍵詞：母乳餵養

「沒有母乳，我就不是好媽媽」

寶寶出生時，新媽媽們大都會信心十足地宣稱：無論如何，也要堅持母乳餵養到 2 歲。但天不遂人願。雖經歷了各種催奶、調補，可乳汁並沒有汩汩而流。於是，滿腦子胡想「吃配方奶的寶寶易過敏」「吃母乳的寶寶更聰明、更健康」，那一段時間，又焦慮又失望，覺得自己沒資格做一個好媽媽。

解決焦慮：有足夠的愛，就是好媽媽

首先，泌乳不足的情況下，焦慮並不能解決任何問題，反而會影響泌乳。媽媽只有放輕鬆、多休息，重視飲食調理，讓寶寶有效吸吮，才有希望讓奶量增加。其次，如果真的因為各種原因不能母乳餵養，還有配方奶可選擇。母乳是給寶寶的食物，而媽媽的關注與愛，才是讓寶寶身心健康發育的有效保證。

特殊的生理現象

生理性脫皮

新生兒出生後 2 周左右會出現脫皮的現象。這是新生兒皮膚正常的代謝過程，舊的細胞脫落，新的馬上就會長出來，不需要進行特殊治療，但要小心護理。

生理性乳腺腫大

男女新生兒均可發生，在出生後 3～5 天出現，乳房腫大如蠶豆大小，甚至可擠出少量乳汁。一般不必特殊處理，不可強力進行擠壓以防繼發感染，出生後 2～3 周自行消退。

生理性黃疸

主要是由於胎兒在宮內所處的低氧環境刺激紅細胞生成過多，使新生兒早期膽紅素的來源較成人多，加之新生兒肝細胞對膽紅素的攝取、結合及排泄功能差，故可引起生理性黃疸。一般於出生後 2～3 天出現，4～5 天最明顯，足月兒一般在出生後 10～14 天消退，早產兒可能延遲到 3 周才消退。一般情況良好，具有自限性，加強觀察，不用治療。

粟粒疹

新生兒出生後，在鼻尖及兩側鼻翼可見到針尖大小、密密麻麻的黃白色小結節，略高於皮膚表面，醫學上稱粟粒疹。幾乎每個新生兒都會有這種現象，一般出生 1 周後就會消退。

馬牙

新生兒的上齶中線和牙齦切緣上常有黃白色小斑點，稱為上皮珠，俗稱「馬牙」或「板牙」，多是上皮細胞堆積或黏液腺分泌物堆積所致。於出生後數周至數月自行消失，不可用針去挑，以防引起感染。

喉鳴

新生兒喉鳴在剛生下來時還不明顯，出生後數周變得愈發明顯。這主要是新生兒喉軟骨發育還不夠完善，喉軟骨軟化造成的，一般在 6 月齡到周歲期間自行消失。

四肢屈曲

新生兒從出生到滿月，四肢都是屈曲的，這是新生兒肌張力正常的表現。隨着月齡的增長，寶寶四肢就會漸漸伸展，不會形成 O 型腿。

生理性抖動（驚跳反射）

多數新生寶寶在淺睡眠狀態中當遇到聲音、光亮、震動時常會出現四肢或身體無意識、短暫不協調的抖動，稱為新生兒睡眠驚跳，是正常的生理表現。跟新生兒神經系統發育不完善有關，父母不必緊張。

★ 科學餵養，營養一生

及時補充維他命 D

《中國居民膳食指南》關於怎麼補維他命 D

每日補充維他命 D 的量：10 微克 (400IU)

人乳中維他命 D 含量低，母乳餵養不能獲得足量的維他命 D，而維他命 D 有助於鈣的吸收和利用。雖然適宜的陽光照射會促進皮膚中維他命 D 的合成，但這個方法不是很方便，所以嬰兒出生後數日就應開始補充維他命 D，以維持神經肌肉的正常功能和骨骼的健全。

維他命 D 來源

- 出生
  維持 2 周
- 天然食物
  含量少
- 日光照射促使
  皮膚合成
  主要來源

延伸閱讀

美國兒科學會 怎麼補充維他命 D

嬰兒的皮膚非常嬌嫩，美國兒科醫生不建議讓寶寶長時間曝露在陽光下，因為這樣即使寶寶沒有被曬傷，也會增加日後患皮膚癌的概率。

因此，美國兒科學會建議，從出生後，就要給母乳餵養的寶寶每天提供 400IU 的維他命 D 補充劑。對於人工或混合餵養的寶寶，父母可以參考配方奶上的營養標籤，根據寶寶每天喝的奶粉量，計算每天攝入的維他命 D 是否達到 400IU。如果沒達到，就要額外補充差額的量。

嬰兒補充維他命 D 的方法

純母乳餵養： 在嬰兒出生後 2 周左右，每日可在母乳餵養前餵給寶寶 10 微克維他命 D 製劑。

配方奶餵養： 如配方奶中含維他命 D 達不到 400IU，需每日補充維他命 D 400IU。目前，大品牌的配方奶基本都添加了維他命 D，當孩子每天攝入的配方奶量達 600 毫升時，一般可不用額外補充維他命 D。

補充維他命 K

**權威
解讀**

《中國居民膳食指南》關於補維他命 K

每日口服維他命 K_1 25 微克

母乳中維他命 K 的含量很低，每 1000 毫升母乳僅含維他命 K1 ～ 3 微克，初乳幾乎不含維他命 K。推薦新生兒出生後補充維他命 K（肌肉注射維他命 K_1 1 毫克），特別是剖腹產的新生兒，可有效預防新生兒出血症的發生。

50% ～ 60% 來自腸道內細菌合成

維他命 K 來源

40% ～ 50% 從食物中攝取

嬰兒補充維他命 K 的方法

純母乳餵養： 從出生到 3 月齡，可每日口服維他命 K_1 25 微克，也可出生後口服維他命 K_1 2 毫克，然後到 1 周和 1 個月時分別口服 5 毫克，共 3 次。

配方奶餵養： 一般不需要額外補充維他命 K。

媽媽適當多食富含維他命 K 的食物

足月順產嬰兒在母乳餵養的支持下，可以很快建立正常的腸道菌群，並獲得穩定、充足的維他命 K 來源。但在嬰兒正常的腸道菌群建立前，其體內維他命 K 合成少，尤其是剖腹產嬰兒開奶延遲或得不到母乳餵養。或是早產兒和低體重兒，由於生長發育快，體內也易缺乏維他命 K。因此建議，乳母應適當多食富含維他命 K 的食物，如奇異果、青青豆、椰菜、菠菜、生菜、韭菜、西柚、芝士、蛋黃、動物內臟、南瓜、蘿蔔等。

✿ 新生兒的餵養：母乳餵養

母乳是寶寶天然的抵抗力

權威解讀 ＞

《中國居民膳食指南》堅持 6 月齡內純母乳餵養

母乳是嬰兒最理想的食物

《中國居民膳食指南 2016》中指出：6 月齡內是一生中生長發育的第一個高峰期，對熱量和營養素的需要高於其他任何時期。母乳餵養能滿足 6 月齡內嬰兒全部液體、熱量和營養素的需要，母乳中的營養素和多種生物活性物質構成一個特殊的生物系統，為嬰兒提供全方位呵護，助其在離開母體保護後，仍能順利地適應大自然的生態環境，健康成長。

母乳的主要營養成分

蛋白質	大部分是容易消化的乳清蛋白，且含有代謝過程中所需要的酶以及抵抗感染的免疫球蛋白和溶菌素
脂肪	含有較多的不飽和脂肪酸，並且脂肪球較小，容易吸收
糖類	主要是乳糖，在消化道內轉變成乳酸，能促進消化，幫助鈣、鐵、鋅等的吸收，也能促進腸道內乳酸桿菌的大量繁殖，提高消化道的抗感染能力
鈣、磷	含量不高，但比例適當，容易被寶寶吸收利用

滴滴初乳勝珍珠

初乳

提高新生兒的抵抗力，促進其健康發育

刺激腸胃蠕動，加速胎便排出，加快肝腸循環，減輕新生兒生理性黃疸

含多種抗體、免疫球蛋白、噬菌酶、吞噬細胞、微量元素，有利於建立成熟健康的腸道內環境

當新生兒娩出、斷臍和擦乾羊水後，即可將其放在媽媽身邊，讓其分別吸吮雙側乳頭各 3~5 分鐘。

1

早吸吮
早開奶

正所謂未雨綢繆。雖然開奶指的是產後，但是產前其實就可以做一些準備了，產前的乳房按摩就是一個很好的促進順利開奶的好辦法。

2

產前開始
按摩乳房

可以請催乳師協助開奶，通常按摩 1 小時就會有效果。催乳師還會教你一些促進泌乳和寶寶餵養的方法。

3

催乳師開奶

開奶 5 步曲，防止奶脹

為了寶寶的健康，愈來愈多新媽媽選擇母乳餵養。但是，很多媽媽使盡渾身解數也做不到開奶。那麼，有甚麼方法可以讓開奶變得簡單輕鬆嗎？

必要時（如嬰兒吸吮次數有限），可以通過吸奶器吸出乳汁，增加乳汁分泌。

4

借助吸奶器
開奶

延伸閱讀

加固後應繼續給予母乳餵養

世界衛生組織認為，最少堅持完全純母乳餵養 6 個月，從 6 個月開始添加輔食的同時，應繼續給予母乳餵養，最好能到 2 歲。在 6 個月以前，如果嬰兒體重不能達到標準體重時，需要增加母乳餵養次數。

5

正確姿勢開奶

哺乳時要做到「三貼」，即嬰兒的腹部貼着媽媽的腹部、嬰兒的胸部貼着媽媽的胸部、嬰兒的下巴貼着媽媽的乳房。這樣的哺乳姿勢有助於乳汁不斷分泌。

幫助寶寶正確地含住乳頭

　　掌握正確的哺乳,姿勢和含銜技巧,是成功餵哺母乳的關鍵,媽媽感覺舒適,乳汁流淌才會順利。

母乳餵養的正確姿勢

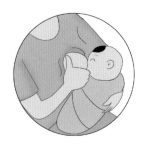

1

寶寶必須與媽媽緊密相貼

無論把寶寶抱在哪一邊,寶寶的身體與媽媽身體應相貼,頭與雙肩朝向乳房,嘴處於乳頭相同水平位置。

2

防止寶寶鼻部受壓

須保持寶寶頭和頸略微伸展,以免鼻部壓入乳房而影響呼吸,但也要防止頭部與頸部過度伸展造成吞咽困難。

3

媽媽手的正確姿勢

應將拇指和四指分別放在乳房上下方,托起整個乳房哺餵,避免「剪刀式」夾托乳房(除非在奶流過急、嬰兒有嗆溢時),那樣會反向推乳腺組織,阻礙嬰兒將大部分乳暈含入口內,不利於充分擠壓乳暈內的乳汁。

幫助寶寶含住乳頭和乳暈

1. 在寶寶張大嘴時,幫助寶寶含住乳頭和大部分乳暈,因為擠壓乳暈才能使乳汁流出。僅僅吸吮乳頭,會使乳頭疼痛,而且由於吸吮到的乳汁少,寶寶可能哭鬧甚至拒絕吸吮。
2. 若媽媽乳房很大,應用食指和中指在乳暈根部托按乳房,以免妨礙寶寶鼻部通氣。這樣做還可以防止奶水流得太快,引起寶寶嗆咳。
3. 奶脹時乳頭的伸展性差,寶寶不能有效地吸吮,這時可用手將乳汁擠出一些,或用熱毛巾敷敷,使乳房柔軟,幫助寶寶有效吸吮。

前奶和後奶，一個都不能少

　　前奶主要提供的水和蛋白質，相當於寶寶的開胃餐，解渴的同時還可避免攝入過多熱量；而後奶是正餐，主要含有豐富的脂肪，熱量高。所以説前奶和後奶的分工是不同的，下次餵奶千萬不要擠掉前奶。

　　還要説明的是，前奶指的是每次餵奶的前幾口，而初奶也叫初乳，指的是開奶 1 周之內顏色有些淡黃的奶。

前奶 ▶ 稀薄、清淡，富含水分和蛋白質

後奶 ▶ 濃稠，富含脂肪、乳糖和其他營養物質

　　喂寶寶時一定要讓他把一側乳房吃空，再換另一側，這樣才能保證前奶、後奶都讓寶寶吃到。

判斷奶水是否充足的 4 個標準

　　寶寶出生之後，一個重要的任務就是給他餵奶。寶寶吃飽了才會安穩入睡，但是很多媽媽發現寶寶老是吃不飽，或者一會就餓。是不是自己的奶水不足呢？下面就為大家介紹判斷奶水充足與否的 4 個標準。

育兒專家提醒

排空乳汁很重要

　　哺乳期的媽媽最容易出現乳腺炎的煩惱，如果乳汁不能排出，淤積於乳房，很可能會導致乳腺炎。所以在餵奶的時候，一定要讓寶寶吸空一側再吸另一側。如果奶水較多，也可以用吸奶器吸出寶寶未吃完的乳汁。

1
自我感覺乳房空空

2
每天能實現 8～12 次較為滿足的母乳餵養

3
餵哺時，嬰兒有節律地吸吮，並可聽見明顯的吞咽聲

4
如果嬰兒每天能尿濕 5～6 個紙尿褲，説明嬰兒是吃飽的

母乳不足怎麼辦

1 頻繁哺餵，24 小時之內餵 12 次以上。

2 早期奶水不足，媽媽光喝湯是不夠的，適當增加主食也很重要。可以為媽媽增加麵食、穀類食物。

3 餵完一邊乳房，如果寶寶哭鬧，不要急着給奶粉，而是換一邊繼續餵。一次餵奶可以更換乳房數次，乳汁不會被吃乾的，而是愈吃愈多。

4 要保證足夠的乳汁分泌，需要消耗更多的營養素，因此媽媽應當補充牛奶、雞蛋、魚類、瘦肉、豆製品等富含各種營養素的食物，並適當補充水果、蔬菜，平時多注意補水、多吃富含湯水的食物。

5 寶寶的吸吮可促進媽媽分泌更多的催乳素，因此一定要讓寶寶多吸乳頭，吸得愈有力，乳汁分泌也就愈多。徹底排空乳房是保持和增加奶量的重要方法。如果一側乳房奶量已能滿足寶寶需要，應將另一側乳汁用吸奶器吸出。

6 過度疲勞、心情焦躁、精神抑鬱、缺乏自信以及強烈的情緒波動，都會大大影響泌乳功能。因此，媽媽應保證足夠的睡眠和休息，良好的心理狀態和有規律的生活節奏，這是增加奶量的關鍵。

7 有不少中藥具有催乳作用，如王不留行、穿山甲、黃芪、白芷、川芎等，可將中藥與食物同煮，如黃芪鯽魚湯。

8 哺乳期間，媽媽要避免攝入會影響乳汁分泌的藥物或食物，如抗甲狀腺素、阿托品、山楂、炒麥芽等。

每次餵完奶都要拍嗝

坐着拍嗝

讓寶寶坐在你的一側大腿上，在腿上鋪一條毛巾，以防寶寶吐奶把褲子弄髒。如圖，一隻手環抱寶寶，虎口置於寶寶腋下支撐住寶寶，讓寶寶的身體微微向前傾。然後用另一隻手輕輕地拍寶寶的背部。

抱着拍嗝

將寶寶豎抱，讓其頭靠在媽媽肩上，輕輕拍其背。拍嗝時，媽媽五指併攏靠緊，手心彎曲，這樣拍的力量能引起振動又不會讓寶寶感覺疼痛。

兩種方法可以輪換着使用，看哪種比較適合你和寶寶。所有的動作都要輕柔，直到寶寶把嗝打出。

育兒專家提醒

浴後不宜馬上哺乳

一般來說，特別是冬天，許多哺乳期的媽媽很喜歡洗完熱水澡，暖融融地抱起寶寶給他餵奶。但專家認為，媽媽剛洗完熱水澡後，並不太適合立即哺乳，因為熱水洗浴，體熱蒸騰，乳汁也為熱氣所侵，乳汁的質和量可能會有所變化。古代乳母應「定息良久」，然後再哺乳。

另外，嬰兒洗澡之後也不宜馬上喝奶。因為這種情況下，嬰兒的氣息產生變化，氣息未定時就餵奶會使其脾胃受損。

所以，凡是洗浴之後，應當休息一段時間，等氣息平定下來再餵奶。

感冒後的哺乳竅門

媽媽感冒了該如何給寶寶餵奶呢？其實，媽媽感冒了只需小心行事，只要未出現發熱，餵奶仍可照常。如果感冒不伴有高燒，媽媽應多喝水，飲食以清淡易消化為主。最好有人幫助照看寶寶，使媽媽能有更多的時間休息、睡眠，以保證體力的恢復。

不出現高燒的媽媽可以哺乳

感冒是一種呼吸道傳染病，是通過呼吸道噴出的飛沫傳染的。因此，患了感冒的哺乳期女性給嬰幼兒哺乳是不會通過乳汁將感冒病毒傳染給嬰幼兒的。此外，哺乳期女性在感染感冒病毒之後，在沒出現症狀以前，體內就會產生感冒病毒抗體。在其體內有了這種抗體之後，再給嬰幼兒哺乳，可使抗體通過乳汁進入嬰幼兒體內，從而能增強寶寶抵抗感冒的能力。因此，哺乳期女性在患了感冒後，只要不出現發熱、寒顫等症狀，且體力情況允許的話，是可以給嬰幼兒哺乳的。

哺乳有技巧，媽媽需注意

乳汁雖然不會傳染感冒病毒，但患了感冒的媽媽在哺乳或換尿布時，由於要與寶寶近距離接觸，很容易將感冒通過呼吸傳染給寶寶。因此，患了感冒的媽媽在進行哺乳等需要與寶寶親密接觸的活動時，需要戴上雙層口罩，並要勤洗手。

因為感冒病毒是通過飛沫傳播，室內要勤通風。

媽媽高燒期間可暫停母乳餵養1～2天，停止餵養期間，應按時把乳汁吸出來，再由家裏其他未患感冒的人用奶瓶或小勺餵養。

不伴有嚴重高燒的感冒是可以給寶寶哺乳的。媽媽感冒時母乳內會產生抗體，對於提高寶寶的免疫力也有一定的幫助。媽媽在哺乳時注意不要對着寶寶呼吸，最好戴口罩哺乳。

乳房腫脹巧餵奶

乳房腫脹，也叫漲奶，通常發生在產後 3 ～ 5 天，不少媽媽會感到乳房增大、變重、發熱等。這是由於乳汁開始大量分泌，乳房充血和組織液增多所致。適量的乳房充盈是正常的，只要哺乳順利，幾天後，隨着泌乳量調節至寶寶需要的水平，腫脹的感覺就會消失（切記，腫脹感覺消失並不意味着奶水不足）。

延伸閱讀

澳洲嬰兒餵養指南處理乳房腫脹的建議

1 要銜住脹奶時的乳暈對於小月齡的寶寶來説是個挑戰。媽媽可以在哺乳前擠出足夠的奶來緩解不適，這樣乳房特別是乳暈周圍會變得足夠軟，有利於寶寶含乳。

2 如果腫脹超過 2 天（尤其在哺乳早期），可以在每次哺乳後使用吸奶器排空雙側乳房，這會讓寶寶在下次吃奶時含乳更容易。

3 剛出生的寶寶在 24 小時內需要進食 8 ～ 12 次（包括夜間）。如果媽媽沒辦法親餵，那麼需要儘量做到用和親餵差不多的頻率把乳汁完全排出。如果不將乳汁及時排出來，有可能造成腫脹疼痛，降低泌乳量，還可能發展成乳腺炎、乳房膿腫，影響日後的泌乳量。

右側提供的建議是針對已經發生的持續腫脹，不適用於預防漲奶。當乳房腫脹緩解、硬塊消失，則不要在寶寶不喝奶時主動排空。當因為一段時間沒有餵奶（比如夜間寶寶睡整覺了）而感到漲奶，可以適當擠出一些乳汁以緩解不適，但不要過度擠奶。當你擠出的奶大於寶寶喝的奶量，可能會生產更多的奶，漲奶就更容易發生了。

雖然乳房腫脹發生的可能性會隨着哺乳時間的推移降低，但仍可能發生在哺乳期的任何時候。當腫脹發生時，這些建議仍然適用。

育兒專家提醒

乳腺炎期間怎麼哺乳

如果出現了乳腺膿腫，要暫停餵奶；輕微乳腺炎症沒有膿腫時，世界衛生組織則提倡哺乳（有助於淤積乳汁的排出，緩解乳房脹痛）。

適當按摩乳房也能幫助乳汁排出，具體做法是：單手托住乳房，用另一手的指腹從乳房周邊開始向乳頭方向輕輕按壓，注意不要用力擠壓或者旋轉按壓，以免傷到乳腺管。乳房疼痛較為劇烈時用冰塊冷敷患處。如果哺乳過後乳汁仍有剩餘，可用吸奶器幫助排出乳汁，同時要注意保持吸奶器的清潔，避免外源性感染。

✿ 新生兒的餵養：人工餵養

嬰兒配方奶是無法純母乳餵養時的無奈選擇

由於嬰兒患有某些代謝性疾病，乳母患有某些傳染性或精神性疾病，乳汁分泌不足或無乳汁分泌等原因，不能用純母乳餵養時，建議首選適合寶寶月齡的配方奶餵養，不宜直接用普通的液態奶、成人奶粉、蛋白粉、豆奶粉等餵養。

任何嬰兒配方奶都不能與母乳相比擬，只能作為純母乳餵養失敗後無奈的選擇，或者 6 個月後對母乳的補充。6 個月前放棄母乳餵養選擇嬰兒配方奶，對寶寶可能會產生不利影響。

混合餵養

混合餵養也叫部分人工餵養，適用於母乳不足情況下的嬰兒餵養。方法有兩種：補授法和代授法。

補授法

每次餵母乳後不足部分用配方奶補夠，其好處是能保證寶寶每頓都可以吃到一定量的母乳，且對乳房進行充分的泌乳刺激。

代授法

用奶粉完全代替一次或幾次母乳。

混合餵養要充分利用有限的母乳，儘量多餵母乳。如果媽媽認為母乳不足，就隨意減少母乳餵養的次數，反而會使母乳愈來愈少。夜間媽媽比較累，尤其是後半夜，給寶寶沖奶粉會很麻煩，所以最好選擇母乳餵養。而且，夜間媽媽休息，乳汁分泌量相對增多，寶寶的需要量相對減少，母乳可以滿足寶寶的需要。但是，如果母乳量太少，寶寶吃不飽，這時最好以配方奶為主。

需要採取配方奶餵養的情況

以下情況很可能不適合母乳餵養或常規母乳餵養，需要採取配方奶餵養：

1. 嬰兒 / 母親患病。
2. 母親因各種原因攝入不能餵奶的藥物和化學物質。
3. 經專業人員指導和各種努力後，乳汁分泌仍不足。

育兒專家提醒

添加配方奶的依據

母乳是否充足一定要根據寶寶的體重增長情況分析。如果新生寶寶一周體重增長低於 150 克，有可能是母乳不足，可以嘗試添加配方奶。添加配方奶推薦採用補授法，即每次吃奶時首先吃母乳，如吃空兩側乳房後寶寶還不滿足，再添配方奶，加奶量根據寶寶需求量酌情添加。

按時餵養，防止餵養過度

　　人工餵養的寶寶要按時餵養，且要防止餵養過度，否則不利於寶寶的健康發育。對於健康的嬰兒，只要寶寶進食量充足，配方奶是可以滿足其所需的全部營養的。在新生兒消化功能正常的情況下，一天奶量達到 150 毫升 / 千克時可滿足其生長需要。

　　一般寶寶每 3 小時進食一次，每次餵養量 60 ～ 70 毫升即可。每個寶寶胃口大小不同，吃的多少也不同，完全按照某個標準來餵養是不可取的。隨着寶寶不斷成長，食用配方奶的量也在不斷變化，這就需要媽媽細心摸索。

科學沖調配方奶的方法

1 將燒開後冷卻至 40℃ 左右的水倒入消過毒的奶瓶。

2 使用奶粉桶裏專用的小勺，根據標示的奶粉量舀起適量的奶粉（注意奶粉是平勺而不是超過小勺或不足一勺）。

3 將奶粉放入奶瓶，雙手輕輕轉動奶瓶或在水平面輕晃奶瓶，使奶粉充分溶解。

4 將沖好的奶粉滴幾滴在手腕內側或手背，測試奶溫溫熱即可。

✿ 新生兒日常照料

撫觸，讓寶寶沐浴母愛

親子撫觸，不僅能強健寶寶的身體，它還是一種「心靈體操」。如果說撫觸是一道菜，它的原材料和烹飪手法沒有固定的版本，但有一種作料卻是這道菜中最有價值的，那就是——親子交流。

親子交流一：溫柔親切的話語

寶寶最喜歡抑揚頓挫的聲音，一邊有規律地撫觸，一邊像聊天一樣徵求寶寶的意見：「寶寶，是不是很舒服啊？」「寶寶真乖！我們再來做腿部運動好不好？」

親子交流二：目光交流

給寶寶做撫觸時，一定要正面注視寶寶，及時觀察寶寶的表情變化，當寶寶表現煩躁時，應立刻停止撫觸，把寶寶抱起來安撫。

親子交流三：媽媽來唱歌

寶寶最愛聽的就是媽媽的聲音，撫觸的同時，媽媽可以隨着手部的節奏哼上一曲或歡快或舒緩的小調，寶寶則會因此感受到那份溫馨和愉快。

把寶寶抱得舒服很重要

　　寶寶喜歡被穩穩抱起，特別是被包在暖暖的包被裏面，這樣會給他一種安全感。如果移動寶寶，一定要儘量慢一些、輕一些。抱寶寶時還要面帶微笑，對着他的臉和眼睛，用愛撫和安詳的口吻跟他説話。只要掌握了以下技巧，就能很快學會怎樣把寶寶抱得很舒服，這不僅對寶寶有好處，對父母也是必要的。

橫抱

　　需要格外注意，寶寶在 4 周內還不能控制自己的頭部，所以在抱起時，一定要注意扶住他的頭頸部。

　　新生兒最好橫着抱。將寶寶的腦袋放在你一隻手的肘彎處，使寶寶的腦袋略高於身體其他部位。另一隻手負責寶寶的腳和臀部，起輔助作用。

豎抱

　　一隻手伸入寶寶的頸後，支撐起寶寶的頭頸。另一隻手放在寶寶的背和臀部，撐起下半身，將寶寶豎着抱起來。抱寶寶時動作一定要輕柔、平穩。

　　當寶寶能自己控制頭頸部動作時，就可以試着將他由橫抱改為豎抱了。

放在背帶裏

　　將寶寶放在背帶裏也是可以的。只要支撐好寶寶的頭頸，寶寶在背帶裏面會很舒適，不會滑向一側。好的背帶應該是柔軟、呈袋狀，適合放置寶寶彎曲的身體。

新生寶寶的皮膚護理

新生兒的皮膚與成人有着極大的區別。新生兒皮膚薄、嬌嫩，當遇到輕微外力或摩擦時，很容易引起損傷和感染。新生兒抵抗力弱，一旦皮膚感染，極易擴散，從而引發嚴重的敗血症等。因此，做好新生兒的皮膚護理是非常重要的。

出生 1 個月內的新生兒，其面部極其嬌嫩，對其五官的護理動作要輕，護理用品要適合寶寶。

新生兒的眼睛十分脆弱。對眼部的護理，要使用紗布（棉花棒）、生理鹽水或溫水。把紗布（棉花棒）蘸濕，從眼內角向眼外角輕輕擦拭。如果新生兒的眼睛流淚，或有較多的黃色黏液使眼皮粘連，須請醫生診治。

眼部護理

在正常情況下，新生兒鼻孔會進行自我清潔。如果空氣很乾燥，鼻孔裏可能結有鼻屎，會造成寶寶不舒服。
這時，媽媽可以將一小塊棉球蘸濕，輕輕放入鼻孔，把鼻屎取出。這應該在哺乳前進行。

鼻部護理

新生兒的耳道很小，洗澡時若不慎進水，應用棉花棒輕輕拭乾。將寶寶的頭轉向一側，對耳廓進行清潔，清潔到耳孔為止，不宜深入，以免把耳垢推向深處而引起耳道堵塞。

耳部護理

口腔護理

面部及頸部護理

由於口腔黏膜血管豐富柔嫩，容易損傷，所以不能隨意擦洗，以免感染。

新生兒的面頰用棉花蘸水清洗或用紗布清潔即可。要注意頸部皺褶和耳朵後面，這些部位容易忽視，常會有些小病變，要經常清洗並且擦乾。

洗屁屁事雖小，男女寶寶差別大

女寶寶應這樣清洗屁屁

1 用紙巾擦去糞便，然後用溫水浸濕軟布，擦洗小肚子，直至臍部。

➡ **2** 用另一塊乾淨軟布擦洗大腿根部所有皮膚皺褶處，要注意順序是由上向下、由內向外。

➡ **3** 將寶寶雙腿舉起，清洗其外陰部。

5 用紙巾輕輕擦乾尿布區，然後讓寶寶光着屁股，使臀部曝露於空氣中片刻。

⬅ **4** 用另一塊乾淨軟布清潔臀部，然後從大腿向裏洗至肛門處。

男寶寶應這樣清洗屁屁

1 男寶寶經常在你解開尿布的時候馬上撒尿，故在解開尿布後應將尿布停留在陰莖處幾秒鐘，以免尿到你身上。

➡ **2** 用紙巾擦去糞便，在他屁股下面墊好尿布。用溫水弄濕棉花來擦洗，先擦肚子直至臍部。

4 用軟布清潔寶寶睾丸各處，包括陰莖下面，因為這些地方可能有尿漬或大便。

⬅ **3** 用軟布徹底清潔大腿根部及陰莖處的皮膚皺褶，由裏往外順着擦拭。清潔睾丸下面時，媽媽用手指輕輕將睾丸往上托起。

5 將寶寶雙腿舉起，清潔他的肛門及屁股，接着清洗大腿根內側。

➡ **6** 用紙巾擦乾尿布區，讓他光着屁股晾晾。

★ 新生兒異常情況處理

病理性黃疸

當黃疸出現早（出生後24小時內就出現），程度較重（皮膚呈金黃色或暗褐色，鞏膜呈金黃色或黃綠色，尿色深黃以致染黃尿布，眼淚也發黃），或者持續不退（足月兒黃疸超過半個月）或黃疸消退後又重新出現或加重時，應及時就醫，以判斷寶寶是否為病理性黃疸。

注意，只要黃疸開始逐漸出現變淡的傾向，寶寶吃奶、睡覺都正常，大便沒有變白，也可以等一段時間。足月健康的新生兒，即使黃疸期延長，一般也都屬生理性黃疸的持續。

病理性黃疸的原因

母親與寶寶血型不合導致的新生兒溶血症，嬰兒出生時有皮下血腫，新生兒感染性疾病，新生兒肝炎、膽道閉鎖等。黃疸過高，有可能對新生兒造成腦損傷，因此一定要及早就醫，可根據醫生建議採用光療法等。

吐奶

多數寶寶在出生2周後，會經常吐奶。在寶寶剛吃完奶，或者剛被放到床上時，奶就會從寶寶嘴角溢出。吐完奶後，寶寶並沒有任何異常或者痛苦的表情。這種吐奶是正常現象，也稱「溢乳」。

寶寶吐奶的常見原因

嬰兒的胃就像開口大、容量淺的水池容易溢水一樣，一旦受到刺激，如哭鬧、咳嗽等外力導致腹壓增高，就容易把胃內容物擠壓出來。所以，大部分嬰兒的吐奶都是因為「胃淺」導致的。

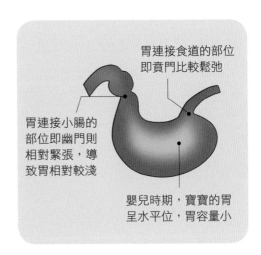

胃連接食道的部位即賁門比較鬆弛

胃連接小腸的部位即幽門則相對緊張，導致胃相對較淺

嬰兒時期，寶寶的胃呈水平位，胃容量小

吐奶的處理

寶寶吃完奶後，讓其趴在媽媽肩頭，輕輕用手拍打寶寶的後背，直到寶寶打嗝為止。這樣可以幫助寶寶排出胃內的氣體，減輕吐奶。

餵奶速度不宜過快

媽媽餵奶時應適當控制餵奶的速度，給寶寶一定的間歇期，可以讓寶寶休息一會兒再接着吃，這樣可以避免吐奶。

乳汁流速的控制方法

四指托住乳房，拇指置於乳頭上方的乳暈處，減慢乳汁的流出。如乳汁多、壓力大，則需用手指在乳暈處加壓，以控制流速。

尿布疹

尿布疹又叫尿布皮炎，俗稱「紅屁股」，是 3 個月以內嬰兒很常見的皮膚病。

為了預防此病，每次給寶寶換尿布或紙尿褲前，媽媽一定要用肥皂洗淨雙手。換上新的尿布或紙尿褲前，要把寶寶的小屁股擦乾淨，並用溫水擦拭一遍，或者用嬰兒濕巾代替，最好能等小屁股自然風乾後再包上尿布或紙尿褲。

一般來說，新生兒的膀胱還沒發育完全，一天尿便次數多，所以更換尿布或紙尿褲次數也會多些。每半小時更換一次也是正常的，之後隨着寶寶慢慢長大，更換的次數可逐步減少。讓小屁股保持皮膚乾爽、清潔能避免出現尿布疹。

臍炎

新生兒患上臍炎時，護理上要注意：

1　當寶寶臍部略有紅腫（屬輕度發炎），或有少量黏液滲出時，可用消毒棉花棒擦淨滲出物，然後用 3% 的過氧化氫清洗，再用 75% 的酒精棉球濕敷臍部，每天 2 次。

2　如果室內溫度較高，且陽光可照到室內，可將寶寶的臍部曝露在日光下晾曬，每日 1 次，每次 10 分鐘。

3　局部用燈光照射 10 分鐘（要注意防止燙傷），有利於臍部的癒合。

4　有膿性分泌物並帶有臭味，應遵醫囑服用藥物。

斜頸

對於新生兒來說，斜頸是個非常常見的現象。導致斜頸的原因有多種，如先天性、外傷性等原因，使寶寶的頸部發育異常，頭部歪向病側，下巴斜向健側，時間長了，病側的面部肌肉發育受到影響，就會出現一側臉大一側臉小。醫生通過簡單的查體就能確定寶寶是否有斜頸。如果寶寶頸部較短的一側沒有摸到形似橄欖的小包塊，只要糾正寶寶的睡眠姿勢，盡可能保持寶寶頭部處於中位就可以了。如果寶寶頸部出現小包塊，就要在醫生的指導下，在家給寶寶進行頸部按摩和伸張練習。

如果寶寶出生 2～3 個月後，頸部肌肉張力和長度仍然不一致，那麼就要用物理療法輔助治療。如果斜頸情況較嚴重，還需通過手術等矯治。

頭形不正

要想使寶寶頭部左右對稱，應經常觀察寶寶頭部和睡姿。但不要過於糾結寶寶的頭形，即使寶寶頭形有些偏斜，長大之後也會變得不明顯。寶寶的頭部不偏，卻只朝向一個方向，這種時候就應該考慮斜頸了。

31

2 ～ 3 個月

★ 2 ～ 3 個月寶寶的生長特點

項目 \ 性別	2 個月寶寶的情況		3 個月寶寶的情況	
	男寶寶	女寶寶	男寶寶	女寶寶
體重適宜範圍（千克）	5.0 ～ 6.4	4.6 ～ 5.9	5.9 ～ 7.5	5.4 ～ 6.9
身長適宜範圍（厘米）	56.5 ～ 61.0	55.3 ～ 59.6	59.7 ～ 64.3	58.4 ～ 62.8

2 個月寶寶　能微笑，有面部表情；眼隨物轉動

3 個月寶寶　頭可隨看到的物品或聽到的聲音轉動 180 度；注意自己的手

2 ～ 3 個月 焦慮關鍵詞：該不該用安撫奶嘴

「寶寶大哭，一塞秒停」

寶寶 2 個月起開始吸吮右大拇指了，有時又好哭。有人建議讓他吸吮安撫奶嘴。可是又擔心長期吸吮安撫奶嘴會影響寶寶牙齒的發育。安撫奶嘴到底好不好？網絡上評價不一，到底該相信誰呢？

解決焦慮：6 月內可以用，6 月後溫和戒掉

寶寶特別是 6 個月內的小嬰兒，需要安撫奶嘴的幫助。安撫奶嘴可以滿足寶寶的吸吮要求，鍛煉吸吮能力，但會增加患中耳炎的概率。如果輕拍背部、安撫擁抱等還不足以使寶寶平靜，他就會開始吸吮手指，這時可以考慮給寶寶使用安撫奶嘴。因為吸吮手指和吸吮安撫奶嘴相比，吸吮手指對牙齒的影響更為嚴重。寶寶 6 個月以後，不要像以前那樣頻繁地使用安撫奶嘴，每天控制使用時間，直至完全戒掉。

✿ 快速生長期，營養要跟上

母乳繼續按需哺乳

　　母乳餵養最重要的原則就是按需哺乳。所謂「按需哺乳」，就是寶寶甚麼時候餓了，就甚麼時候給寶寶哺乳。按需哺乳不僅適用於新生兒，也適用於整個嬰兒期餵養。及時、恰當地滿足嬰兒的需要是培養其心理健康的必要條件，也能建立母子之間良好的依戀與信任，為今後對寶寶的教育打下堅實的基礎。

　　一般來說，無論媽媽乳房大小，都能產生足夠的乳汁滿足自己寶寶的需求。因此，每對母子之間的餵奶頻率和習慣都是不同的。

　　按需，絕對不是比照別人的頻率和習慣，也不能聽別人說寶寶多久吃一次奶、每次吃多少分鐘，或參考一些書本上平均時間來餵養自己的寶寶。每個寶寶胃口大小不同，只要寶寶體重穩定增長，就是吃到了足夠的母乳。因此，媽媽一定要觀察自己的寶寶，真正瞭解寶寶的需要，根據寶寶情況來哺乳。

如何防止混合餵養兒的產生

　　寶寶的吸吮能力增強，吸吮速度加快，吸吮一次所吸入的乳量也增加了，相應吃奶的時間縮短了，但媽媽不能就此判斷奶少了，不夠吃了。

　　如果媽媽因此而給寶寶添加配方奶，橡皮奶嘴孔大、吸吮省力，奶粉比母乳甜，結果寶寶可能會喜歡上奶粉，而不再喜歡母乳了。母乳愈刺激奶量就愈多，如果每次都有吸不淨的奶，就會使乳汁的分泌量逐漸減少，最終造成母乳不足，人為造成混合餵養。

分清寶寶是想玩耍還是想吃奶

　　這個月的寶寶醒來的時間更長了，想要人陪着玩，如果媽媽不懂得寶寶的意願，有些寶寶就會哭。所以當寶寶哭鬧的時候，媽媽不要簡單認為寶寶餓了，給寶寶餵奶，或者擔心自己的奶量不足而隨意添加配方奶。

人工餵養的寶寶要增加奶量

　　此時寶寶的胃口較好，餵奶量從以前的每次 120 毫升左右可以增加到 150 毫升以上。每天吃 5 次的寶寶每次可以餵 170 ～ 180 毫升，每天吃 6 次的寶寶每次餵 150 ～ 160 毫升。當然，具體餵奶量還要根據寶寶的食量而定。

補充有助視力發育的營養素

《中國居民膳食指南》關於怎麼補維他命 A

1～6 個月每日補充維他命 A 的量：300～350 微克

維他命 A 是保護寶寶視力的關鍵營養素，在色彩識別和夜間視力方面的作用尤為突出。1～6 個月是寶寶視力發育的關鍵期，寶寶眼睛經歷了從視覺模糊、黑白、彩色、清晰度緩慢發展等過程，需補充有助視力發育的多種營養素。

寶寶補充維他命 A 的方法

純母乳餵養： 營養好的母親母乳中富含維他命 A，是寶寶維他命 A 的最佳來源。

配方奶餵養： 強化了維他命 AD 的配方奶。

輔食餵養： 攝入菠菜、紅蘿蔔、南瓜、木瓜、紅薯、粟米、動物肝臟、魚油等。

中國嬰幼兒為甚麼應維他命 AD 同補

首先，維他命 A、維他命 D 都屬脂溶性維他命，且性質都不穩定，易氧化失效。其次，缺乏維他命 A 的問題在中國很普遍，而在歐美發達國家則不缺乏。權威調查結果顯示：中國整體 0～6 歲兒童維他命 A 缺乏率為 11.7%，亞臨床缺乏率為 39.2%。所以，中華醫學會《兒童微量營養素缺乏防治建議》和《維他命 D 缺乏性佝僂病的防治建議》中建議，0～3 歲的嬰幼兒需要每日常規補充預防劑量的維他命 AD。

視力發育營養素	
DHA	DHA 佔視網膜磷脂總量的 50%。嬰兒自身不能合成 DHA，主要通過母乳或配方奶來攝取 DHA
維他命 A	維他命 A 是合成視紫質的重要原料，而視紫質是一種感光物質，存在於視網膜中。寶寶日常輔食中就可以補充維他命 A
牛磺酸	能促進視網膜的發育。富含牛磺酸的食物有扇貝、淡菜、魷魚、雞肉、豬瘦肉、牛肉等
抗氧化	大麥、米糠、小麥胚芽、糙米等

✿ 哺乳媽媽催乳食譜推薦

海鮮燉豆腐　催乳通乳

材料 鮮蝦仁100克，淨魚肉50克，嫩豆腐200克，青菜心100克。

調料 鹽、葱末、薑末各適量。

做法

1. 將蝦仁洗淨；青菜心洗淨，切段；嫩豆腐洗淨，切小塊；魚肉洗淨，切片。
2. 鍋置火上，放入油燒熱，下葱末、薑末爆鍋，再下青菜心稍炒，放入蝦仁、魚肉片、豆腐塊稍燉一會兒，加入鹽調味即可。

絲瓜鰱魚湯　活血、通乳

材料 絲瓜50克，鮮鰱魚500克。

調料 醬油、鹽各適量。

做法

1. 絲瓜去皮，洗淨，切塊；鮮鰱魚處理乾淨，切上花刀。
2. 鍋置火上，倒入油燒熱，放入鮮鰱魚煎至半熟，倒入適量清水，放入絲瓜塊，大火煮開，放入少許醬油、鹽調味即可。

功效 鰱魚溫補脾胃，通乳下奶；絲瓜通經絡，下乳汁。絲瓜鰱魚湯可輔治產後乳汁不足。

山藥木耳炒萵筍　促進乳汁分泌

材料 萵筍300克，山藥、水發木耳各50克。

調料 醋、白糖、鹽、葱絲各少許。

做法

1. 萵筍去葉、去皮，切片；水發木耳洗淨，撕小朵；山藥去皮，洗淨，切片。
2. 山藥片和木耳分別焯燙，撈出。
3. 鍋內倒油燒熱，爆香葱絲。
4. 倒入萵筍片、木耳、山藥片炒熟，放鹽、白糖、醋調味即可。

功效 中醫認為，萵筍具有通經脈、開胸隔、通乳汁之功；木耳、山藥健脾養胃，滋養氣血。這道菜滋養氣血，有促進乳汁分泌的作用。

✦ 寶寶日常照料及能力訓練

睡姿——側着睡還是仰着睡

寶寶睡得好不好、香不香，是媽媽關心的問題。可許多媽媽卻忽視了寶寶的睡姿。

側睡利於肌肉放鬆，對寶寶各重要器官也無過分壓迫。有呼吸道問題或扁桃體發炎的寶寶，側睡有助於排痰。右側臥可以避免心臟受壓，也可以預防溢奶。但長時間側臥，會使寶寶的耳部輪廓經常受壓，可能導致變形。

仰睡有助於寶寶全身肌肉放鬆，對臟腑器官最不易造成壓迫，四肢也能夠自由活動，寶寶應以仰睡為主。但經常仰睡可能使寶寶的後腦勺扁平，所以也要多種睡姿交替進行（調整寶寶頭形的黃金時期是在寶寶出生後的 2 個月內，最遲不能超過 3 個月）。

另外，寶寶感冒鼻塞時暫時不要仰睡，以免影響呼吸。餵奶後，不要馬上讓寶寶（尤其新生兒）平躺睡覺，可先右側睡，半小時後再改為仰睡。枕頭（一般寶寶 3 個月左右開始使用枕頭）建議使用中間下陷的「仰睡枕」，可以支撐寶寶尚未發育完全的頸部。

天氣轉涼，給寶寶穿多少正好

有個最基本的添減衣服的原則，就是看月齡和體重。

一般而言，3 個月之前的寶寶穿衣比大人多一件，3 個月後的寶寶穿衣比大人少一件。這是根據月齡劃分，但同時需要參考體重，有的寶寶體重偏低，身體上沒有太多脂肪來保暖，這時就需要父母摸寶寶頸後判斷冷暖，來靈活調整。

在寒冷的冬天，帽子一定不能少。因為人體大部分的熱量都是通過頭部散發的，寶寶體溫調節能力差，更需要頭部的保暖。

寶寶新陳代謝旺盛，很容易出汗，因此，寶寶貼身的衣服應該選擇全棉的布料，這樣在寶寶出汗時能夠起到吸汗的作用。

> 註：雖然說是以大人為參考，但有些大人自己本身就很怕冷，這時就要適當調整，靈活處理。

為寶寶定期量體重

　　現在是寶寶生長發育最快的時期。一旦護理不好或餵養不當，很容易導致生長遲緩。生長遲緩最早的表現就是體重增加速度減慢，甚至不增或下降。因此，體重是衡量寶寶近期營養狀況靈敏的指標。最好每月量 1 次體重，若連續 3 次發現寶寶體重減加速度減慢或不增加，則應及時就醫。

<table>
<tr><td rowspan="4">能力訓練
重點</td><td>● 大運動能力：俯臥抬頭、轉頭練習、伸伸腿。</td></tr>
<tr><td>● 精細運動：抓抓小棒棒。</td></tr>
<tr><td>● 認知能力：感知發聲玩具。</td></tr>
<tr><td>● 語言能力：多和寶寶説説話，唱段童謠給寶寶聽。</td></tr>
</table>

如何訓練寶寶俯臥抬頭

　　2 ～ 3 個月的寶寶，父母可以幫助他做俯臥抬頭訓練。

俯臥抬頭訓練對寶寶的益處

- 能鍛煉頸部、胸背部的肌肉；
- 可以增大肺活量；
- 有效地預防呼吸道疾病；
- 擴大寶寶的視野範圍，從不同角度觀察新的事物，有利於智力發育。

2 個月寶寶俯臥時能抬頭；
3 個月時抬頭較穩。

俯臥抬頭訓練及方法

<table>
<tr><td>

準備工作

讓寶寶俯臥在稍有硬度的床上，防止物品堵住鼻子，影響呼吸，再幫助寶寶將兩手臂朝前放，不要壓在身下。

</td><td>

訓練成果

不斷訓練後，寶寶抬頭的動作會從最初抬起頭與床面成 45 度開始到 3 個月時能穩定地抬起 90 度。這個過程中，寶寶的運動發育是連續性的，頸部肌肉和雙臂的力量都在增強，最後，寶寶可以實現高抬頭。

</td></tr>
</table>

訓練時間安排

剛開始訓練時，只練 10 ～ 30 秒鐘，逐漸延長時間（根據寶寶情緒控制在 3 ～ 10 分鐘）。不要讓寶寶感到疲勞，每天 2 ～ 3 次即可。

訓練注意事項

俯臥抬頭訓練要在寶寶空腹時（即餵奶前 1 小時）進行。

訓練的床面要平坦、舒適且有一定的硬度。

幫寶寶發現自己的小手

2 ～ 3 個月時，寶寶原本緊握的拳頭就能慢慢張開，從而「發現」自己的小手，於是就開始嘗試用這雙神奇的小手進行各種主動的探索活動。父母每天可以花點時間做做下面的活動，幫寶寶「發現」自己的小手。

1 可以把一隻帶黑白條紋的襪子套在寶寶手上，抓着他的手臂使手在他眼前晃動，並反復對寶寶說「手」。

2 用不同質地的物品輕逗寶寶的手掌和指尖，或者撫觸他的手，對手掌、手背及每根手指進行按摩，尤其是指尖，幫助寶寶發展小手的觸覺。

3 往寶寶的手掌裏放東西時，要順着他的掌紋橫着放，而不是豎着放，有意識地讓他的指尖觸碰到物體。

4 讓寶寶觸摸各種質地、溫度、材料的玩具或物品，比如溫水、軟海綿條、絨毛動物、橡皮娃娃、洗乾淨的芹菜根等，讓寶寶多多嘗試。

✿ 2～3個月寶寶異常情況處理

攢肚

遇到寶寶三四天不大便，有媽媽說是「攢肚」，不要緊；有媽媽說是便秘，應就醫。那麼攢肚和便秘到底該如何區分呢？

判斷要點	攢肚	便秘
大便性狀	大便的次數減少，但大便的性狀仍然是稀糊狀，且排便不費勁	大便比較乾硬，排便時較費勁，有時能把臉憋紅
精神狀態	精神狀態、食量、睡眠等一切正常	可能出現睡眠不安穩，大便時容易哭鬧、表現出煩躁不安等不良情緒
發生時間	多發生在2～6個月寶寶身上	任何階段都可能發生

攢肚，是隨着寶寶消化能力逐漸提高，腸胃能充分地進行消化、吸收，導致每天產生的食物殘渣減少，不足以刺激直腸形成排便，使寶寶三四天甚至更長時間不排便的現象，常見於2~6個月的寶寶，一般無須治療。

斜視

斜視的寶寶雙眼視線不能同時落在同一個物體上。寶寶過了3個月才能把視力集中在某一點，所以媽媽在這個月才會發現寶寶是否有斜視症狀。

斜視有真性斜視和假性斜視之分。正常的寶寶有時在瞌睡的時候也會出現斜視，4～6個月時會消失。4個月之後的寶寶如果經常出現斜視，應該去醫院檢查。

腹股溝疝

腹股溝疝一般見於男寶寶。男寶寶的睾丸開始在腹腔，在臨出生時降入陰囊。睾丸經過的從腹部到陰囊的通道一般在出生後會閉合，但也有男寶寶閉合不好，這部分男寶寶在2～3個月時，由於劇烈哭鬧等原因使腹腔壓力增高，腹腔內的腸管就會順着沒有閉合好的通道穿過腹股溝降入陰囊中，形成腹股溝疝。

腹股溝疝的危險在於可能導致嵌頓，即腸管在通道中擰攪在一起。嵌頓性腹股溝疝出現時，腸腔會梗阻，寶寶會疼得大哭。值得一提的是，有腹股溝疝病史的寶寶突然大哭，媽媽要考慮寶寶腹股溝疝嵌頓的可能性。如果這種大哭的情況持續3小時以上，且伴有嘔吐，一定要看醫生。

4 ～ 5 個月

✱ 4 ～ 5 個月寶寶的生長特點

性別 項目	4 個月寶寶的情況		5 個月寶寶的情況	
	男寶寶	女寶寶	男寶寶	女寶寶
體重適宜範圍（千克）	6.6 ～ 8.3	6.1 ～ 7.7	7.1 ～ 9.0	6.5 ～ 8.2
身長適宜範圍（厘米）	62.3 ～ 66.9	61.0 ～ 65.4	64.4 ～ 69.1	62.9 ～ 67.4

4 個月寶寶：會抓面前的物體，自己玩弄手；見到食物表示喜悅；較有意識地哭和笑

5 個月寶寶：伸手取物；能辨別人聲；望鏡中人笑

4 ～ 5 個月 焦慮關鍵詞：隔代養育

「雖勞苦但功不一定高」

由於工作緊張，產假時間又有限，寶寶 3 個月後就由公公婆婆帶，每每看見婆婆對寶寶的照顧和疼愛都非常感激。然而，媽媽發現寶寶身上存在不少毛病和遺憾事，十分苦惱。

解決焦慮：平心靜氣溝通

隔代撫養的難題主要表現在育兒觀念的不同，導致在照顧寶寶吃喝拉撒上的一些分歧。有些事情父母要多聆聽老人為甚麼要這樣做，有何優劣，從源頭抓起。多渠道、多方式溝通，避免產生正面衝突。注意在養育寶寶過程中，祖輩應該是配角，祖輩教育不能代替親子教育。作為父母，應承擔起養育寶寶的主要責任。寶寶對父母的依戀感和安全感，是誰也無法取代的。

✤ 寶寶知道饑飽了，餵養有講究

母乳餵養的間隔可適當延長

由於寶寶胃容量增加，每次餵奶的量增多，餵奶的間隔時間相對延長，由原來的 2～3 小時延長到此時的 3.5～4 小時。哺乳的次數為每天 4～5 次，哺乳量以每次 150～170 毫升為宜。

夜間餵奶的次數減少

每天哺乳的量逐漸增加，哺乳時間也逐漸有了一定的規律。雖然不能中斷晚間的哺乳，但可以慢慢減少哺乳的次數。在寶寶臨睡前充分餵飽後，通常晚間哺乳的間隔會延長至 5～6 小時，從而寶寶睡得更好，有利於生長發育，而且也能讓媽媽有充足的時間休息。這個時期，寶寶 5～6 個小時不吃奶沒問題，因此不用擔心寶寶會餓着。

人工餵養，每天奶量不超過 1000 毫升

人工餵養的寶寶，此時奶量變化不會很大，只要寶寶正常生長，奶量就是他的需要量。如果寶寶拒絕喝配方奶，媽媽千萬不要強餵，更不要趁寶寶睡得迷迷糊糊的時候餵奶，這樣會延長厭奶期。一般來說，每天的奶量不宜超過1000 毫升，以避免肥胖。當然，有些寶寶天生食量大，所以還要具體問題具體分析。如果 2 周體重增加達 400 克以上，要加以注意。

成功追奶，應對乳汁減少

很多媽媽發現原本豐富的奶水逐漸減少了，寶寶不夠吃，長得也慢了，那麼該怎麼辦呢？

按摩乳房

將雙手手掌分別放在乳房上下方，來回按摩10～20 次。

梳乳房

一隻手托住乳房，另一隻手拇指朝下，其他四指用指腹在乳房上從遠處向乳暈、乳頭方向輕輕梳乳房 5 分鐘。

手擠乳房

按摩乳房外圍，雙手圍住乳房，大拇指朝上，其他四指朝下，然後輕輕擠壓乳根，一壓一放，來回重複 10～20 次。

職場媽媽如何將母乳餵養進行到底

辦公室擠奶要點

1. 擠奶前務必將手洗乾淨。擠奶時，可以用奶瓶或消過毒的杯子來收集乳汁，再將乳汁分別裝在儲奶瓶或儲奶袋中，放涼後冷藏或冷凍。也可直接擠在儲奶瓶中。

2. 工作場所如果沒有冰箱，可用保溫瓶或保溫箱，也可用專門的背奶包儲存。如果使用保溫瓶，可預先在瓶內裝冰塊，讓瓶子冷卻後再將冰塊倒出，裝進收集好的乳汁。如果使用保溫箱，則可在箱底裝些冰塊，再將裝好母乳的容器放進保溫箱冷藏。

3. 最好按照每次給寶寶餵奶的量，將母乳分成若干小份來存放，每一小份貼上標籤並記錄日期和奶量，這樣能方便家人或保姆給寶寶合理餵食，還不會造成浪費。

育兒專家提醒

處理好工作和哺乳的關係

許多媽媽因為上班不能定時給寶寶餵奶，如果乳房充盈時任其脹回，很快乳汁量就下降了。因此，職場媽媽要準備好吸奶器和儲奶袋，上班期間根據寶寶餵養的頻率，用吸奶器將乳汁吸出，放在儲奶袋內，存入冰箱給寶寶食用。每天寶寶吸乳和用吸奶器吸乳次數不低於 6 次，同時要保證心情愉悅、睡眠充足。

擠出來的奶如何保存

場所和溫度	能保存的時間
冷藏，儲存於 < 25℃ 的室溫	4 小時
冷藏，儲存於 4℃ 左右的冰箱內	48 小時
冷藏，儲存於 4℃ 左右的冰箱內（經常開關冰箱門）	24 小時
冷凍，溫度保持在 -18 ～ -15℃	3 個月
低溫冷凍（-20℃）	6 個月

冷凍奶的解凍、加熱

使用冷凍母乳餵養寶寶前，先將奶放入冷藏室內解凍，再用溫水（45 ～ 60℃）溫熱。溫熱後，打開儲奶袋的密封口，倒入奶瓶給寶寶吃。絕對不能使用微波爐加熱，也不能放在爐子上直接加熱。此外，冷凍母乳不能反復解凍、復凍。

✿ 哺乳媽媽追奶食譜推薦

鯽魚冬瓜湯　下乳汁、嫩肌膚

材料 鯽魚 1 條，冬瓜 300 克。

調料 鹽、胡椒粉各 3 克，蔥段、薑片、清湯、料酒各適量，香菜末少許。

做法

1. 將鯽魚刮鱗、除鰓、去內臟，洗淨瀝乾，放入熱油鍋煎至兩面金黃，出鍋；冬瓜洗淨，去皮及瓤，切片。

2. 鍋內留底油燒至六成熱，放薑片、蔥段煸香，放入鯽魚、料酒，倒入適量清湯大火燒開，開鍋後改小火燜煮至湯色乳白，加冬瓜片煮熟，加鹽、胡椒粉，撒香菜末即可。

絲瓜燉排骨　催乳通乳

材料 豬排骨 500 克，絲瓜 200 克，枸杞子 10 克。

調料 薑片、蔥段各 5 克，鹽 3 克。

做法

1. 排骨切段，洗淨，入沸水鍋中略焯，撈出瀝乾；絲瓜洗淨，去皮，切菱形塊。

2. 將排骨放鍋中，加清水大火煮沸，加蔥段、薑片，轉小火煮 1 小時，再放絲瓜塊、枸杞子燉熟，放鹽調味，攪勻即可。

明蝦燉豆腐　通乳、養血固精

材料 蝦 100 克，豆腐 200 克。

調料 鹽 3 克，蔥花、薑片各 5 克。

做法

1. 將蝦線挑出，去掉蝦鬚，洗淨備用；豆腐洗淨，切小塊。

2. 鍋中放適量清水，置火上燒沸，放入蝦、豆腐塊燙一下，盛出備用。

3. 鍋置火上，放入蝦、豆腐塊和薑片，煮沸後撇去浮沫，轉小火燉至蝦肉熟透，揀去薑片，放入鹽調味，撒上蔥花即可。

★ 寶寶日常照料及能力訓練

護好寶寶萌出的第一顆牙

　　乳牙萌出基本上是按一定順序進行的，一般是下頜先於上頜，由前至後的順序。最先萌出的常常是下面中間的門牙，然後是上面中間的門牙，以後挨着中間的門牙左右長牙。

　　嬰兒在 4 個多月後，開始流口水，第一顆牙就在這個時候冒出來，位置一般在下牙床中間。寶寶開始出牙，需注意以下 2 個問題：

流口水

父母要及時為其擦乾口水，避免損傷局部皮膚。寶寶的上衣、枕頭、被褥等容易被口水沾濕，要勤洗勤曬，以免滋生細菌。

牙齦腫痛

牙齒萌出時，牙齦邊緣會有一圈紅紅的發炎現象，讓寶寶感到疼痛，甚至煩躁哭鬧。此時，可以用紗布蘸冰水擦拭腫脹的牙床，同時達到按摩和冰敷腫脹牙床的雙重功效。

清理寶寶耳垢有妙招

　　正常情況下，耳垢可借咀嚼、吸吮、張口等下頜運動以薄片形式自行排出，不用特意給寶寶掏耳朵。只有逐漸凝聚成團，阻塞了外耳道，才需要清理。用柔軟的棉花棒輕輕擦拭寶寶的外耳道，把耳垢擦出來即可，切忌用掏耳勺等伸進寶寶的耳朵裏掏。如果寶寶耳朵發炎，耳垢會過度分泌，這時要及時到醫院就診。

寒冬，不當「宅寶寶」

在天冷的日子裏，很多爸媽選擇「足不出戶」，但有意識地讓寶寶置身於一定的冷空氣中（冷空氣浴），對寶寶生長發育有好處。

冷空氣浴益處多

1. 加強體溫中樞的調節活動，使皮膚血管收縮，提高寶寶肌肉的興奮性與收縮能力。
2. 經外界冷空氣刺激，寶寶內臟溫度相應升高，血液循環增加，能有效改善各臟器的功能。
3. 提高寶寶對溫度變化的適應能力。
4. 能使寶寶的呼吸變得慢而深，增強呼吸功能，減少呼吸道疾病。
5. 空氣中負離子可對大腦產生良好的刺激，使寶寶精神活潑，從而改善食慾和睡眠狀況。

正確掌握冷空氣浴程序

冷空氣浴要循序漸進地進行，嚴格掌握好時間、地點、溫度和寶寶的承受狀況（若寶寶身體不適、精神不佳時不要進行）。

一般冷空氣浴先從室內開始，開窗開門降溫，在寶寶適應了室內低溫後，便可到戶外進行，但戶外溫度要恰當掌握。如果室外氣溫過低或寒風凜冽，則不宜進行冷空氣浴。

適合 4 ～ 5 個月寶寶的玩具

4 個月以後，寶寶能夠用手抓住東西，而且經常會拿起玩具放進嘴裏，因此必須選擇乾淨、安全的玩具給寶寶玩，而且是寶寶不能輕易吞進嘴裏的大一些的玩具。

應給寶寶選擇用牙齒咬不壞的玩具，如聚乙烯做的裝有紅色或黃色珠子的圓環或三角環。這種玩具一搖會發出聲響，吸引寶寶的注意力。

發聲玩具也是此階段寶寶常玩的玩具，但寶寶玩時容易碰傷臉。一般是媽媽拿在手裏晃出響聲以哄逗啼哭的寶寶。當寶寶脖子上有硬疙瘩出現斜頸時，用發聲玩具可以引導寶寶把臉轉向扭轉困難的一側，有助於斜頸的矯治。

- **大運動能力**：翻身，扶着髖部能坐（4 個月），扶腋下能站得直（5 個月）。
- **精細運動**：抓小物品。
- **認知能力**：用手擺弄玩具；帶寶寶多摸摸各種東西。
- **語言能力**：多叫寶寶的名字；「啊、咦、吧、嗎」類似這樣的音節對他具有特別的吸引力；在寶寶休息玩耍時，多給他聽一些輕鬆的音樂和歌曲。

對寶寶說說話，讓他模仿你

4 個月的寶寶，在語言、動作等各方面的能力都得到了迅速發展，特別是當爸爸媽媽和寶寶進行親子交流時，寶寶的反應愈來愈明顯。此時若增加和寶寶接觸交流的機會，寶寶便可在模仿中得到更多的學習和鍛煉。

表情模仿

寶寶最喜歡一動不動地盯着大人，他們這是在研究爸爸媽媽的表情變化，譬如大笑、皺眉、驚訝，這些都可以從爸爸媽媽的臉上發現，並慢慢加以運用。當寶寶模仿大人的表情時，父母最好也能反過來再去模仿寶寶的樣子，因為這樣的交流會讓親子關係更加緊密。

動作模仿

寶寶善於觀察，他會捕捉到父母經常做的動作，比如給寶寶餵奶的時候對他微笑，或張大嘴巴打招呼，寶寶會將這些動作印入腦海，並用同樣的動作反饋給你。

練習抓小物品

抱寶寶坐於桌前，在桌子上放一個比較小的物品（如小塊積木），鼓勵、逗引寶寶伸手去拿，如果寶寶不能拿起來而失去興趣，可以將小物品放到寶寶手裏，讓他玩一會兒，然後放回原處，給寶寶示範用手掌或手指去抓小物品。經過一段時間的訓練，寶寶就可以自己將物品把弄到手裏。

★ 4 ～ 5 個月寶寶異常情況處理

腸套疊

　　腸套疊是指一段腸管套入與其相連的腸腔中。最常見的是回腸（小腸的末端）套入到與之相連的結腸（大腸的首段）中。

　　這種病任何季節都可能患上。一般 4 個月以後的嬰兒較易發病，1 歲後發病概率大大減少，但對其他月齡的寶寶來講也並不排除發病的可能性。

腸套疊發病早期的症狀

　　陣發性腹痛，發作不久便會嘔吐，開始吐乳汁、乳塊和食物殘渣，後或吐黃綠色膽汁；約 85% 的寶寶在發病後 6 ～ 12 小時排出果醬樣、黏液樣的血便；腹部摸到臘腸樣腫塊。

腸套疊特有的發病方式

一直很健康的寶寶突然開始大聲哭鬧，看起來肚子痛得厲害（雙腿向腹部屈曲），3 ～ 4 分鐘後安靜下來，過一會兒又開始哭鬧。腸套疊往往以這種特有的方式發病。
如果寶寶開始出現這種症狀，媽媽應高度懷疑是腸套疊，儘早就醫，寶寶甚至不需要手術就能痊癒。

眼睛異常

　　寶寶原來不太明顯的斜視，到了 4 ～ 5 個月後會愈來愈明顯。

　　夏天得了傳染性膿痂疹以後，頭部和臉上會長出大大小小的疙瘩，眼眶邊有時也會出現凸起（麥粒腫和霰粒腫）。傳染性膿痂疹治癒以後，凸起也會隨之消失。

　　寶寶的眼睛如果總是淚汪汪的，應考慮倒睫的可能性。如果早晨醒來時眼瞼上沾有眼屎，睜不開眼睛，可能得了流行性角膜結膜炎，必須去醫院眼科就診。

　　不過，多數寶寶即使受感染也不是很重，三四天就可自然痊癒。如果寶寶眼睛不紅，又不出眼屎，就沒有必要到醫院治療，應儘量減少院內感染的機會。

6～7個月

★ 6～7個月寶寶的生長特點

項目 ＼ 性別	6個月寶寶的情況	
	男寶寶	女寶寶
體重適宜範圍（千克）	7.5~9.8	7.0~9.1
身長適宜範圍（厘米）	66.0~72.3	64.5~70.6

6個月寶寶 能辨別熟人和陌生人；自拉衣服；自握足玩

6～7個月 焦慮關鍵詞：食物過敏

「這也不能吃，那也不能喝」

「愁死了，我家寶寶對雞蛋過敏」「我家寶寶對蝦過敏」……在寶寶剛添加輔食的時候，最害怕遇到過敏現象：全身起疹子、腹瀉、嘔吐，可把家人嚇壞了。寶寶出現過敏後，在加固選擇上，爸媽難免會束手束腳，各種小心翼翼。

解決焦慮：媽媽做好加固記錄

每次給寶寶添加新食物，媽媽都記錄一下，添加時要一次一種來，每次加新輔食儘量在早飯那頓，這樣萬一有任何不適，可及時發現問題。在寶寶狀態好的情況下加，從一勺開始，第一天可以嘗試1～2次。新食物添加後觀察三五天沒有問題，再繼續引進其他新食物。

✿ 開始添加泥糊狀輔食了

加固的原則

權威解讀 ⟩

《中國居民膳食指南》關於加固

滿 6 個月起加固

嬰兒滿 6 個月時，胃腸道等消化器官已相對發育完善，可消化母乳以外的食物。同時，嬰兒的口腔運動功能，味覺、嗅覺等感知覺，以及心理、認知和行為能力也已準備好接受新的食物。此時加固不僅能滿足嬰兒的營養需求，也能滿足其心理需求，促進其感知覺、心理及認知和行為能力的發展。

由一種到多種

寶寶剛開始加固時，只給寶寶吃一種適合本月齡的輔食，嘗試 1 周左右，如果寶寶消化情況良好，排便正常，再讓寶寶嘗試另一種食物。這樣做的好處是，如果寶寶對食物過敏，能及時發現並找出引起過敏的是哪種食物。

由少到多

給寶寶添加一種新的食物，必須先從少量開始。父母需要比平時更仔細地觀察寶寶，如果寶寶沒有甚麼不良反應，再逐漸增加量。

由稀到稠，由細到粗

在剛開始給寶寶加固時，建議添加一些容易消化、水分較多的流質輔食，有利於寶寶咀嚼、吞咽、消化。通常最開始添加的是嬰兒米粉，這是最不容易致敏的食物，待寶寶適應之後，慢慢過渡到各種泥糊狀食物，然後添加柔軟的固體食物。給予寶寶食物的性狀應從細到粗，可以先添加一些糊狀、泥狀輔食，然後添加末狀、碎狀、丁狀、指狀輔食，最後是成人食物形態。

輔食誰餵？怎麼餵？用甚麼餵

寶寶要開始加固了，那麼到底誰餵？怎麼餵？用甚麼餵？這些都很重要。

誰餵

首先要選擇合適的餵養地點。不要將寶寶放置於遊戲區、電視播放區等容易分散寶寶注意力的地方。餵養人可以是媽媽，也可是其他家人，但是必須注意：如果媽媽還在母乳餵養，建議媽媽不要抱着寶寶餵。應該將寶寶放在小椅子上或讓其他家人抱着餵，以避免寶寶出於對母乳的依賴，總是轉頭尋找媽媽的乳房，從而出現餵食失敗。

怎麼餵

1. 建議在寶寶加固早期，餵食時間最好選擇和家人吃飯同步的時間，比如早中晚三餐時。因為寶寶看到家人都在吃，如果家人再做出一些很誇張的進食動作，寶寶就會對食物產生強烈的興趣。所以在餵食時，應該讓家人先吃，然後再給寶寶餵，這是一種誘導餵食的方法。
2. 寶寶在吃完奶後，很可能拒絕加固食物。加固應在兩次吃奶之間。雖然已經開始加固，但不能減少母乳或配方奶的攝入量，特別在 6 個月時，輔食的攝入量非常少，大部分營養還是來自於母乳或配方奶。

用甚麼餵

1. 選擇顏色鮮豔的小碗和小勺。小碗和小勺的顏色要不同，最好還要存在巨大反差，比如紅色、黃色搭配，這樣能吸引寶寶的注意力，激起寶寶的興趣。
2. 目前市面上專為寶寶設計的餐具大多是塑料餐具。塑料餐具輕便，不易摔壞，並且不容易燙傷寶寶的手。
3. 為寶寶選餐具，最好選擇外形渾圓的，這樣寶寶不易被餐具的棱角碰傷。在選擇餐具時，還要注意碗的手柄設計是否容易讓寶寶握住，以便更好地激起寶寶吃飯的興趣。可感溫的勺子，能讓大人監控勺子上食物的溫度，當溫度超過 40℃時，勺子會自動變色，防止寶寶被燙傷，推薦使用。

矽膠勺頭的勺子不容易傷害寶寶嬌嫩的小嘴，且質地較硬，耐咬，也能承接湯水或糊狀物，很適合 0~1 歲的寶寶使用。

最好的第一口輔食：嬰兒米粉

嬰兒米粉是富含鐵和碳水化合物的主食，容易消化，且不易致敏，同時補充寶寶易缺乏的鐵。把嬰兒米粉作為寶寶的第一口輔食是比較安全且容易被寶寶接受的。原味的嬰兒配方米粉有淡淡的甜味和穀類香氣，大多數寶寶都喜歡。

如何選購嬰兒米粉

應該儘量選擇規模較大、產品質量和服務質量較好的企業產品。還要看外包裝上的營養成分表中營養成分是否全面，含量比例是否合理。營養成分表中除了標明熱量、蛋白質、脂肪、碳水化合物等基本營養成分外，還會標注鐵、鈣、維他命 D 等營養成分。6 個月後的寶寶首選強化鐵的嬰兒米粉。

質量好的嬰兒米粉應該是白色、均勻一致、有米粉的香氣。

米粉怎麼沖調比較好

1 米粉、溫水（約 70℃）按 1：4 的比例準備好

2 將米粉加入餐具中，慢慢倒入溫水，邊倒邊用湯匙輕輕攪拌；攪拌時遇到結塊，用湯匙將其擠向碗壁壓散

3 用湯匙將攪拌好的米糊舀起傾倒，呈煉乳狀流下為佳，不要太稀

怎麼餵給寶寶

第一次添加，可以只給寶寶吃 1 勺，調成稀糊狀，先放一點在寶寶的舌頭上，讓他吮舔適應這種味道。如果寶寶接受良好，以後可以逐漸加量。

注意這是寶寶第一次吃飯，媽媽要面帶微笑，用熱切的眼神來鼓勵他，讓寶寶愉快地進餐。

延伸閱讀

加固不延遲，高致敏食物不可怕

最新研究顯示，對於食物過敏的寶寶，推遲加固並不會有更多益處。所以，在添加時間上與正常寶寶保持一致就可以了。按照美國兒科學會的指南，寶寶加固後不再需要按照先添加低致敏食物，後添加高致敏食物（如雞蛋、大豆及豆製品、魚蝦等）這樣的順序了。因為晚引進容易致敏的食物並不會降低過敏風險，相反可能更容易提高寶寶過敏風險，讓寶寶養成挑食習慣。

寶寶 6 個月後要注意補鐵

權威解讀

《中國居民膳食指南》關於怎麼補鐵

6 個月寶寶每天鐵的推薦攝入量：10 毫克

寶寶 6 個月之後，身體對於鐵的需求量會大大增加，從之前的 0.3 毫克 / 天到現在的 10 毫克 / 天，僅靠從母乳或配方奶中攝取的鐵已經不夠了。開始加固後，寶寶的飲食裏需要含有足夠的鐵，因此寶寶的第一口輔食要吃鐵強化的米粉。

嬰兒補鐵的有效方法

補鐵的最好方法是通過飲食補給，因為食補是最為天然、安全的方法。所以，在飲食上要盡可能選擇富含鐵的食物，比如嬰兒米粉、動物肝臟、瘦肉、動物血、鮮蘑（紅蘑或白蘑）、菠菜、蛋黃、木耳等。此外，加固食物要注意營養均衡。

強化鐵的嬰兒米粉

每 100 克含鐵 6～10 毫克，用母乳、配方奶或水沖調成泥糊狀（用小勺舀起不會很快滴落）。

動物肝臟

每 100 克豬肝含鐵 25 毫克，而且也較容易被人體吸收。肝臟可加工成肝泥，便於寶寶食用。血紅素鐵主要存在於動物性食物中，吸收率較高，如肝臟中鐵的吸收率達 10%～20%。

各種瘦肉

雖然瘦肉裏含鐵量不及動物血和動物肝臟，但鐵的利用率很高，而且購買、加工容易，寶寶也喜歡吃，可加工成肉泥或肉鬆。

綠葉蔬菜

雖然植物性食物中鐵的吸收率不高，但寶寶每天都要吃。在處理葉菜時，先用開水焯一下，去掉大部分草酸，可以讓寶寶吸收更多的鐵。

寶寶缺鐵的症狀

1. 媽媽可以觀察到的：寶寶的皮膚、黏膜逐漸蒼白或蒼黃，以口唇、口腔黏膜及甲床最為明顯。易感疲乏無力，易煩躁哭鬧或精神不振，不愛活動，食慾減退。年齡大些的寶寶可訴頭暈、眼前發黑、耳鳴等。

2. 醫生可以檢查出來的：所謂缺鐵性貧血，就是紅細胞數減少，或者血紅蛋白量減少。檢查是不是貧血，只有通過驗血才能反映出寶寶的真實情況。

延伸閱讀

美國是怎麼補充鐵劑的

一般寶寶只要在飲食上注意，就不需要額外補充鐵劑，但以下 2 種情況除外：

1. 早產寶寶。由於他們沒有機會在媽媽的子宮裏儲備足夠的鐵元素，所以所有早產寶寶，特別是小月齡的早產寶寶（早於 32 周出生），從一出生就應該補充鐵劑。

2. 貧血的寶寶。在美國，寶寶 6 個月和 1 歲時都會被檢測是否貧血。如果發現寶寶貧血，醫生會建議添加鐵劑，同時增加更多富含鐵元素的食物。

★ 6～7 個月寶寶營養餐

米糊　健脾養胃

材料 白米 20 克。

做法

1. 白米洗淨，用溫水浸泡 2 小時，撈出瀝乾水分後倒入攪拌機，加少許水攪打成米漿。
2. 將米漿過篩倒入小鍋，加 8 倍米量的清水，小火加熱，期間用勺子不斷攪拌防止糊鍋，米漿沸騰後再煮 2 分鐘即可。

功效 白米性平，味甘，具有補中益氣、健脾養胃的作用，寶寶常喝白米糊能保護嬌嫩的脾胃。

紅蘿蔔米粉　明目補血

材料 含鐵米粉 25 克，紅蘿蔔 20 克。

做法

1. 紅蘿蔔洗淨，去皮切塊，放入蒸鍋中蒸熟，然後放入輔食料理機中攪拌成泥狀。
2. 將米粉放入碗中，沖水，攪拌成糊狀。
3. 把紅蘿蔔泥用少量溫水攪勻，稍稍涼涼，與米粉糊混合。

功效 補鐵，預防貧血；補胡蘿蔔素，保護眼睛。

蘋果米粉　健腦益智

材料 含鐵米粉 25 克，蘋果 30 克。

做法

1. 蘋果洗淨，去皮、去核，切塊，放入蒸鍋中蒸熟，然後放入攪拌機中，加適量溫水攪成泥狀，過濾去渣。
2. 將米粉放入碗中，沖水，攪拌成糊狀。
3. 把蘋果泥用少量溫水攪勻，稍稍涼涼，與米粉糊混合。

功效 蘋果中含有葡萄糖、鈣、磷和黃酮類物質，有利於壯骨和健腦。

✿ 寶寶日常照料及能力訓練

固定時間哄寶寶上床睡覺

　　讓寶寶養成規律作息，每天固定同一時間哄他上床睡覺，起床時間也要固定。6個月後的寶寶每晚平均睡眠時間約 11 小時，白天上午和下午各有一次 1～2 小時的小睡，但下午 5 點以後儘量不要有「大睡」，以免影響晚間睡眠。晚上，要在寶寶醒着時將其放到床上，幫助他習慣在床上自己入睡。如果是在吃奶時或被搖晃時睡着的，那麼他半夜醒來也會有同樣的期待。

保證每天 2 次戶外活動

　　寶寶加固後，要增加戶外活動，以促進對食物的消化和吸收。戶外活動可增加寶寶接觸外界事物的機會，對機體產生相應的刺激，既增強體質又可減少過敏的發生，還可促進寶寶認知及情感發育。

　　無特殊情況時，要保證寶寶每天 2 次戶外活動，活動總時間不少於 2 小時（夏天在陰涼處活動，冬、春和秋天在陽光下活動），並應持之以恆，才能達到鍛煉的效果。如遇到大風、大雪、氣溫驟降等惡劣天氣，可暫停活動，但應增加室內活動。

　　戶外活動一次時間不宜過長，可分多次進行，以免影響寶寶睡眠、飲食的規律。

對於正在生長發育中的寶寶，在寒冷的冬天也應勇敢地走出家門，經受「冷」的洗禮，才能鍛煉出強健的體魄。

如何為寶寶購買舒適的衣物

給寶寶選購衣服，要遵循以下幾個原則：

第一，要選全棉製品。

第二，選擇顏色較淺的衣服。因為顏色愈鮮亮、花紋、圖案愈多，其中可能含有的化學成分含量愈高，會傷害寶寶嬌嫩的肌膚。

第三，選擇款式簡單的衣服，最好選擇容易穿脫的衣服。

寶寶 6 個月後，活動範圍和幅度較之前都有明顯增強，寶寶的衣服應以寬鬆為主，袖子和褲腿不宜過長，否則會影響寶寶活動。

因寶寶腿腳的活動（如蹬腿、踢腿、扶站等動作）比以前明顯增多，可以給寶寶準備一雙合適的鞋，最好選擇鞋底柔軟有彈性的學步鞋。大小以腳後跟與後鞋幫相差一指為宜，寬度以腳最寬處不緊為宜。

選購標籤上注有「嬰幼兒用品、A 類、GB184012010」等字樣的服裝。這類衣服的甲醛含量、pH 值更符合標準。

關注脊柱發育，防駝背

駝背不僅影響體形美，還會影響心肺發育。因此，在嬰幼兒時期就應開始關注脊柱發育。

出生後 3 個月，寶寶開始出現抬頭等動作，脊柱開始形成第一個生理彎曲——頸椎前凸。6 個月時，脊柱形成第二個彎曲，即胸椎後凸。因此，6 個月以前的寶寶，如果沒有良好的支撐，不要單獨坐。因為這時寶寶的胸椎還比較「軟」，強行提前形成彎曲，容易讓寶寶養成前傾的習慣，日後容易形成駝背。

應順應寶寶正常的發育過程，不要讓寶寶提前坐、站、走，以免影響其正常生長。此外要注意補鈣，還要進行早期被動運動，做俯臥、抬頭等動作訓練，觀察上肢的支撐力度及頭頸的活動度，並定期做體格發育評價。

育兒專家提醒

給寶寶洗手前父母先洗手

勤洗手是預防感冒的關鍵措施之一，父母給寶寶洗手前最好自己先洗手。另外，寶寶的衣物和床單被罩等，如果沾上寶寶的嘔吐物或糞便，一定要燙洗、晾乾，才能起到更好的殺菌作用，避免感染疾病。寶寶經常觸摸的家具表面，如嬰兒床的護欄、嬰兒椅甚至地板，也都要注意消毒。

寶寶活動範圍大了，爸媽要注意安全性

6～7個月的寶寶活動能力增強，活動範圍擴大，父母更需加強安全防範意識，防止意外的發生。

1　不要把危險的東西放在寶寶能夠觸碰得到的地方，尤其是會堵住呼吸道的物品，如塑料薄膜。

2　不要長時間讓寶寶自己在床上玩耍。

3　寶寶在沒有護欄的床上睡覺時，父母應在身邊陪護，防止寶寶醒後摔下床。

適合6～7個月寶寶的玩具

此階段寶寶的玩具大多是發聲玩具、布娃娃、不倒翁、塑料汽車及帶發條的會動動物。把這些玩具放在寶寶面前，他會非常高興。寶寶趴着時，在他前面擺放一個會動的玩具，他就會伸手去摸。儘管這時他還不怎麼會向前爬，但這種想拿到玩具的欲望能促使寶寶向前爬行。

能力訓練重點	● **大運動能力：**連續翻身，獨坐。 ● **精細運動：**雙手拿紙能將其撕破；伸手摸遠處的玩具。 ● **認知能力：**區分親人和陌生人；尋找丟失的玩具。 ● **語言能力：**開始模仿説話，能聽懂父母不同語氣、不同語調的含義。

接力棒，寶寶精細動作的發展

父母和寶寶並排而坐，並告訴寶寶：「我們來玩接力棒遊戲。」然後父母拿一個有足夠吸引力的玩具，從自己的一隻手交到另一隻手裏，再交到寶寶的一隻手裏，並教寶寶將玩具也從一隻手交到另一隻手上，完成接力遊戲。

當寶寶按照父母的指導完成動作後，要及時給予鼓勵，激發寶寶自己動手的興趣和信心。這個遊戲能夠訓練寶寶的手部

精細運動和手眼協調能力。

練敲打，促進寶寶雙手的協調性

父母和寶寶坐在床上，父母先拿兩個玩具對敲發出聲響，讓寶寶聽後模仿敲打動作。這個遊戲可訓練寶寶的雙手協調能力。

★ 6～7個月寶寶異常情況處理

幼兒急疹

幼兒急疹由人類皰疹病毒引起，多發於 6～18 個月寶寶身上，最典型的症狀是：起病急，高燒達 39～40℃，持續 2～3 天後自然驟降，精神也隨之好轉。

幼兒急疹不會引發別的併發症，熱退疹出之後自己就好了。但是很多家長見到寶寶發熱就特別着急，非要帶着患病的寶寶反復跑醫院，不僅無濟於事，反而有可能造成交叉感染，使病情複雜化。其實，寶寶已經確診為幼兒急疹，而且精神狀況比較好，家長就可放心在家護理。

1
如果寶寶體溫較高，並出現哭鬧不止、煩躁等情況，可以給予物理降溫，如洗溫水澡，用溫水擦拭寶寶的額頭、腋下、腹股溝等處。同時要多給寶寶喝溫水。

2
讓寶寶臥床休息，儘量少去戶外活動，避免交叉感染。

3
注意營養，飲食上要清淡易消化，可食用一些易消化的流食或半流食，如米湯、菜湯、蛋花湯、面片等。

4
體溫超過 38.5℃ 時，若寶寶狀態不好，要給寶寶服用退燒藥，以免發生高熱驚厥。

5
室內開窗通風，以保持空氣新鮮，每日通風 3～4 次，注意室內適宜的溫濕度。

育兒專家提醒

幼兒急疹要加強護理

幼兒急疹是病毒感染引起的，治療不需要使用抗生素，只要加強護理，適當給予對症治療，幾天後就會自己好轉。當寶寶高熱不退，精神差，出現驚厥、頻繁嘔吐、脫水等表現時，要及時帶寶寶到醫院就診，以免造成神經系統、循環系統功能損害。

食物不耐受

　　現在愈來愈多的寶寶被認為是食物過敏，從而被限制攝入很多食物，其實這些寶寶也有可能是食物不耐受，而不是食物過敏。那麼到底二者有何不同，又該如何區分呢？

食物過敏是食物不良反應的一種

　　從廣義上來說，食物過敏只是食物不良反應的一種。食物不良反應分為食物中毒、食物過敏、食物不耐受。通常食物過敏的發生是很迅速的。

　　食物不耐受和寶寶的免疫功能沒有多大關係，而是由於消化酶的缺乏造成的，大多是先天性的缺乏。最常見的食物不耐受是乳糖不耐受。由於寶寶的腸道中缺乏乳糖酶，所以當寶寶的飲食中含有乳糖成分時，無法將其消化，從而出現腹脹、腹痛、腹瀉等一系列消化道症狀。

食物過敏和食物不耐受的區別

	食物過敏	食物不耐受
與免疫球蛋白的關係	與免疫球蛋白 E 相關	
過敏原（不耐受物）不同	雞蛋、牛奶、花生、黃豆、堅果及魚蝦類等	對乳糖、水楊酸等物質不耐受
發作時間不同	發病比較迅速，往往在吃下食物幾分鐘至數小時就會出現不良反應	發病比較緩慢，症狀一般在進食數小時到數天後才會發現，而且是一個累積的過程
症狀不同	症狀明顯，如嘔吐、腹瀉、皮膚紅腫、哮喘等，日常生活中容易引起關注	症狀比較隱蔽，腹瀉、腹脹、腹痛、放屁，通常人們認識不到它的存在
多發人群不同	多發於兒童，成人較少發生	兒童和成人都有可能發生
處理方法不同	避免接觸致敏食物，藥物脫敏治療	通常以調整飲食為主
處理結果不同	不易改善	在一段時間後會有改觀

7～8個月

✿ 7～8 個月寶寶的生長特點

項目 ＼ 性別	7 個月寶寶的情況		8 個月寶寶的情況	
	男寶寶	女寶寶	男寶寶	女寶寶
體重適宜範圍（千克）	7.8~9.8	7.3~9.1	8.1~10.1	7.6~9.4
身長適宜範圍（厘米）	67.4~72.3	65.9~70.6	68.7~73.7	67.2~72.1

7 個月寶寶 能聽懂自己的名字；自握餅乾吃

8 個月寶寶 注意觀察大人的行動；開始認識物體；兩手會傳遞玩具

7～8 個月 焦慮關鍵詞：分離焦慮

「看到媽媽要出門就號咷大哭」

不少職場媽媽會碰到這樣的苦惱：每天早上寶寶纏着媽媽不讓去上班，看到媽媽要出門就抱着號咷大哭。於是，媽媽快要上班的時候就讓其他人抱寶寶到陽台上去玩，自己像做賊似的偷偷跑出去，到了公司心裏老是牽掛着寶寶。

解決焦慮：多給予寶寶足夠的安全感

寶寶在 6～7 個月開始出現分離焦慮，高峰期出現在 10～18 個月。對於寶寶的第一次分離焦慮，該不該一哭就抱？在 6～18 個月，哭是寶寶最真實的表達，父母應及時給予回應，給寶寶足夠的安全感，這有助於縮短分離焦慮的時間。對於真正意義上的「離開」，媽媽也要告訴寶寶後再離開，切不可出門後不忍心又回去。媽媽千萬不要在向寶寶道別時表現得很難過。

✤ 會啃咬了，食慾大增，營養要均衡

寶寶每天進食的量

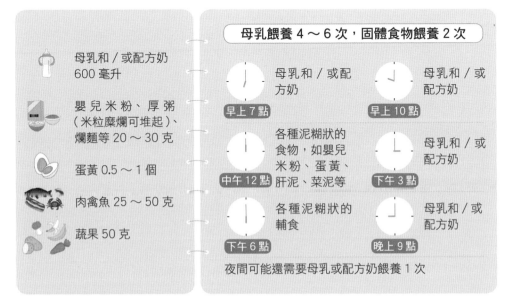

母乳和 / 或配方奶
600 毫升

嬰兒米粉、厚粥
（米粒糜爛可堆起）、
爛麵等 20 ～ 30 克

蛋黃 0.5 ～ 1 個

肉禽魚 25 ～ 50 克

蔬果 50 克

母乳餵養 4 ～ 6 次，固體食物餵養 2 次

早上 7 點	母乳和 / 或配方奶	早上 10 點	母乳和 / 或配方奶
中午 12 點	各種泥糊狀的食物，如嬰兒米粉、蛋黃、肝泥、菜泥等	下午 3 點	母乳和 / 或配方奶
下午 6 點	各種泥糊狀的輔食	晚上 9 點	母乳和 / 或配方奶

夜間可能還需要母乳或配方奶餵養 1 次

怎樣加固營養才均衡

　　這個階段，寶寶輔食的進食量增加，要給寶寶準備營養全面而均衡的食譜。粥、麵條、餛飩等是富含碳水化合物的食物；新鮮的蔬果是富含維他命的食物；肉類、肝泥、蛋黃等是富含蛋白質、鐵的食物；還需要額外添加 5 ～ 10 克油脂，推薦以富含 α- 亞麻酸的植物油為首選，如亞麻籽油、核桃油等。媽媽要注意將富含這些營養素的食物搭配在一起給寶寶做加固食物。

　　7 ～ 9 個月，寶寶的體重增長逐漸緩慢，但仍在穩步增長着，這個階段寶寶體重每月平均增長 0.22 ～ 0.37 千克就在正常範圍內。

準備磨牙食物，緩解牙床不適

　　進入 7 個月的寶寶，已經開始逐漸萌出牙齒，牙床開始癢癢，於是他們變得喜歡咬這咬那。這一階段應讓寶寶多吃磨牙食物，不僅能緩解寶寶牙床的不適，還能鍛煉咀嚼能力，刺激牙齦，促進牙齒萌出。

補充膽鹼，促進大腦發育

權威解讀

《中國居民膳食指南》關於怎麼補膽鹼

6～12個月每日補充膽鹼的量：150毫克

膽鹼是卵磷脂和鞘磷脂的組成成分，是參與記憶存儲的重要神經遞質——乙醯膽鹼的前體。膽鹼對寶寶的發育極其重要，尤其是在大腦發育階段，它能影響神經管的閉合、終生記憶力和學習能力。聯合國標準中已將膽鹼列為嬰兒配方食品中的必需成分。寶寶的體內不會自然產生膽鹼，所以需要從母乳和食物中獲取。

寶寶補充膽鹼的方法

純母乳餵養： 乳汁中會分泌大量的膽鹼，提倡純母乳餵養。

配方奶餵養： 選擇添加了膽鹼的配方奶。

固體食物： 攝入雞蛋、雞肉、魚肉、牛肉、豬瘦肉和西蘭花等。

| 1/4 雞蛋黃 | 1/3 雞蛋黃 | 1/2 雞蛋黃 | 3/4 雞蛋黃 | 1 個雞蛋黃 |

100克雞蛋含250～330毫克膽鹼。寶寶7個月後就可以添加蛋黃泥，而逐漸添加有助於預防寶寶對雞蛋過敏。

給寶寶吃肉了嗎？再不吃就晚了

紅肉中不僅富含膽鹼及鐵，而且吸收率很高，寶寶6個月後就可以添加肉泥，以滿足對鐵的需求。以前有一些老觀念，認為肉類不好消化，要8個月以後再添加，其實那時添加已經晚了。

別讓缺鋅影響了寶寶的食慾

《中國居民膳食指南》關於怎麼補鋅

7～12 個月每日補鋅的量：3.5～4 毫克
1～3 歲每日補鋅的量：4～5.5 毫克

鋅是許多酶的組成成分，是人體細胞成長的關鍵物質。如果寶寶缺鋅，必然導致發育受阻，骨骼和大腦皮層發育不完全，甚至會造成缺鋅性發育不良綜合症。寶寶缺鋅常見的表現有：原因不明的厭食、偏食、異食癖（咬指甲、吃紙等）及生長發育落後、個子矮小；抵抗力差，反復感冒或腹瀉；復發性口腔潰瘍；性發育遲緩，第二性徵發育不全；多動、注意力不集中等。挑食和營養不良的寶寶往往伴隨着鋅的缺乏。

寶寶補鋅的方法

母乳餵養：母乳中鋅的吸收率高，可達 62%。尤其是初乳含鋅量高。

配方奶餵養：選擇添加了鋅的配方奶。

固體食物：給寶寶吃強化鋅的食物，如強化鋅的米粉。逐漸添加容易吸收的富鋅輔食，如牛瘦肉、動物肝臟、蛋黃、海魚、鮮蠔、核桃粉等。

寶寶這種情況下注意補鋅

1. 當寶寶發熱感冒、腹瀉時間較長時，應注意補充含鋅食物或鋅劑。
2. 多汗的寶寶容易丟失鋅，因此輔食中必須增加富含鋅的食物。

6 個月
可從添加米粉、蛋黃開始補充鋅

7～9 個月
可將豬肝、瘦肉、魚肉等剁成末做成菜肴

1～3 歲
適量多吃堅果類食物

10～12 個月
逐漸添加貝殼類等海產品，如鮮蠔瘦肉粥、蜆蒸蛋等

★ 7～8個月寶寶營養餐

馬鈴薯米糊　通便、健脾胃

材料 白米 30 克，馬鈴薯 20 克。

調料 鹽、蔥末、薑末各適量。

做法

1. 白米淘洗乾淨，用水浸泡 30 分鐘，瀝乾水分；帶皮馬鈴薯洗淨，切塊，上鍋蒸熟。

2. 將白米、熟馬鈴薯塊和適量水放入攪拌機中，研磨 1 分鐘至細膩漿狀。

3. 將漿倒入鍋中煮沸即可。

功效 馬鈴薯含有鉀、維他命 C、膳食纖維，有利於養胃、通便。

蛋黃馬鈴薯泥　健腦、強體

材料 雞蛋 1 個，馬鈴薯 45 克。

做法

1. 雞蛋洗淨，涼水下鍋煮熟，取蛋黃，用研磨器碾壓成泥；馬鈴薯洗淨，帶皮蒸熟，去皮，放入研磨碗中搗成泥。

2. 鍋內放入馬鈴薯泥、蛋黃泥和溫水，加火稍煮開，攪勻即可。

功效 蛋黃含有豐富的鐵、卵磷脂、鋅、膽鹼等營養素，容易消化吸收；馬鈴薯含有鈣、維他命 C 等。兩者同食可促進寶寶大腦發育，增強免疫力。

菠菜豬肝泥　保護眼睛

材料 菠菜 15 克，新鮮豬肝 30 克。

做法

1. 新鮮豬肝洗淨，切片，上鍋蒸熟；菠菜洗淨，放入沸水中焯燙一下，撈出，放涼。

2. 將熟豬肝片、菠菜和適量水放入攪拌機中攪拌成泥即可。

功效 菠菜中所含的胡蘿蔔素進入寶寶體內會轉變成維他命 A，豬肝也富含維他命 A，兩者有利於寶寶眼睛健康。

✤ 寶寶日常照料及能力訓練

給寶寶洗澡要注意甚麼

1

洗澡時不開暖燈，因暖燈的強光會刺激寶寶的眼睛

2

先放涼水，再放熱水，水溫宜控制在 37℃左右。當寶寶充分適應洗澡的習慣時，可以讓他在水中玩一會，時間 10～15 分鐘為宜，但水溫需要控制在 37℃左右

3

要用嬰兒專用洗護用品

4

媽媽要用手指堵住寶寶的耳朵，以免洗澡水流入引起耳朵感染

寶寶嘴唇乾裂，如何呵護

嘴唇乾裂、皮膚皸裂等是寶寶常見的皮膚問題。那麼，應該如何呵護寶寶嬌嫩的肌膚呢？

1

使用保濕產品

2

晚上塗抹潤唇膏

3

多吃富含維他命 A、維他命 B 雜的食物

選用寶寶專用保濕用品，尤其在皮膚已經出現乾裂的曝露部位，更應該及時用保濕產品護理。

最佳的護唇時間在晚間，晚上寶寶熟睡後，和嘴相關的咀嚼、語言功能都會停止，熟睡後在寶寶的嘴唇上塗上少許橄欖油、香油或者嬰兒專用潤唇膏，對嘴唇的滋潤作用可以持續一晚上。

維他命 A、維他命 B 雜有利於維護皮膚黏膜屏障的完整性和穩定性，豬瘦肉、蛋黃、動物內臟、紅蘿蔔、粟米、豆芽、菠菜等是不錯的加固選擇。

寶寶應遠離「異味」

香煙味

香煙中的有害物質會直接威脅寶寶稚嫩的呼吸道、交感神經和成長中的大腦。

香水味

芬芳的香水其實是一瓶化學製劑，其中的某些成分可能是有毒的。如果媽媽難以割捨自己的「香水情結」，不妨在和寶寶道別之後、離家之前噴灑一點，下班回家後立即沖個熱水澡，再和寶寶親密接觸。

樟腦丸味

樟腦丸有強烈的揮發性和毒性，成人有將這些毒性排出體外的能力，寶寶則沒有。寶寶的衣物不可使用樟腦丸。保證寶寶貼身用品乾淨、無毒的最好方法是在洗過之後用開水燙一遍，達到消毒的目的。

車內污染和尾氣味

新車內含有甲醛和苯，會釋放出有毒有害氣體。尾氣中的一氧化氮和二氧化氮也會影響寶寶中樞神經、呼吸系統。平時，多帶寶寶在郊外、公園、小區活動，遠離街道、公路和公共汽車站。

保證寶寶身邊物品的衛生和安全

寶寶處於出牙階段，習慣啃咬手指、玩具等物品，所以要勤給寶寶洗手、剪指甲，定期清洗常用玩具和物品。寶寶的運動能力進一步提高，活動範圍擴大，容易發生意外，所以家長更應注意安全防範。要將寶寶經常活動的居室清掃乾淨，將可能導致意外的物品放在寶寶觸碰不到的地方，同時注意電線、插座、電源等的安全情況，將桌角等邊角處加上防護罩。儘量不要讓寶寶脫離家長的可視範圍。

適合 7 ～ 8 個月寶寶的玩具

此階段寶寶玩的玩具和前兩個月大同小異，主要有發聲玩具、鼓、不倒翁、布製動物玩偶、橡皮娃娃、塑料小車等。但是，此時寶寶可能更喜歡擺弄家中的日常用品，如碗、勺、檯燈、電燈開關、門把手、抽屜拉手、電視機、收音機、手機等。甚麼都想看，甚麼都想摸。

能力訓練重點	● **大運動能力：** 用上肢和腹部匍匐爬行；自己能坐起來、躺下去。 ● **精細運動：** 用手指捏取小東西；能將物品從一隻手換到另一隻手。 ● **認知能力：** 熟人張開雙手招呼時，寶寶會伸手表示要抱；能記住分別一周的熟人；能分辨成人的不同態度及面部表情。 ● **語言能力：** 能夠重複連續發多音節，如「da-da」、「ba-ba」等。

讓寶寶學着獨處一會兒

把寶寶放在毯子上，放些小玩具在他身旁，讓他一個人待一會兒。這樣他才有機會自己探索周圍的環境、學習獨處，知道自己是區別於媽媽的獨立個體，也有助於幫助寶寶應對分離焦慮。但注意不要讓他一個人待太久。

視寶寶的情況練習扶站

父母和寶寶站在沙發前邊，讓寶寶雙手抓住沙發，身體不要靠在沙發上，父母站在身後將其扶好，在寶寶站穩後鬆手，訓練寶寶單獨扶物站立。經過一段時間反復練習，寶寶就可以在身體不依靠外物時扶着站穩。這樣的練習也要視寶寶的情況而定，如果寶寶坐得不太穩、時間也不太長，就不宜開始練習扶站。

✿ 7～8個月寶寶異常情況處理

初夏發熱的疾病

每年 5 月末到 7 月，是皰疹性咽峽炎的流行季節，患此病的嬰幼兒常會有哭鬧、拒奶、持續發熱、咽部疼痛、流涎、嘔吐等表現。一般來説 2～4 歲的幼兒易患這種病，將要出牙的嬰兒也易得這種病。這種病的發病率僅次於幼兒急疹，因此父母應重視。

臨床上有一種與皰疹性咽峽炎非常相似的病，即手足口病。其發熱症狀和口腔內的水皰症狀與口腔炎相同，不同的是在嬰兒的手、腳、臀部有水皰樣的丘疹（突出於皮膚表面的紅色斑點），這是其特徵，手足口病的重型會合併心肌炎和腦炎，威脅生命。

如果寶寶熱退後沒有其他不適表現，也可以不去醫院。但有驚厥史的寶寶則要注意，不論是皰疹性咽峽炎還是手足口病，都能引發抽搐，建議去醫院就診。

尿路感染

和成人相比，寶寶更容易得尿路感染，尤其是小嬰兒，這與寶寶自身的生理特徵密切相關。通常，女嬰發病率為男嬰的 3～4 倍。

對大部分寶寶來説，不明原因的發熱可能是尿路感染唯一的症狀。其實寶寶尿路感染也有尿頻、尿急、尿痛的症狀，只不過他們無法用語言表達出來。發現寶寶總是抗拒排尿、排尿時哭鬧，或者寶寶的會陰常見有尿布疹，尿布有臭味時，要帶他去看醫生。

對於發熱的護理，可採用物理降溫。多數寶寶通過多喝水、多排尿就可以使尿路感染的症狀逐漸減輕。同時要勤換尿布或紙尿褲，清洗尿布後要用開水燙洗再曬乾，或煮沸消毒。

地圖舌

有些寶寶舌面上出現一種形狀不規則的病變，顏色發紅，邊緣發白，看上去好像地圖，醫學上稱為地圖舌。這是一種原因尚不清楚的舌黏膜病，多見於 6 個月以上的體弱寶寶。地圖舌一般沒有任何自覺症狀，多由家長偶爾發現。地圖舌不影響食慾，對健康也無明顯影響，所以一般不需要治療。但地圖舌也有可能是因為體內缺乏維他命 B2，此時可以在醫生指導下適當補充維他命製劑。

9 ～ 10 個月

★ 9 ～ 10 個月寶寶的生長特點

性別 項目	9 個月寶寶的情況		10 個月寶寶的情況	
	男寶寶	女寶寶	男寶寶	女寶寶
體重適宜範圍（千克）	8.4~10.4	7.8~9.7	8.6~10.7	8.0~10.0
身長適宜範圍（厘米）	70.1~75.2	68.5~73.6	71.4~76.6	69.8~75.0

9 個月寶寶 看見熟人會手伸出來要人抱；可與人合作遊戲

10 個月寶寶 能模仿成人的動作，如招手、「再見」

9 ～ 10 個月 焦慮關鍵詞：營養素補不補

「寶寶吃 xx 了嗎？」

「寶寶補鈣、補鋅了嗎？」被問得多了，就覺得周圍的寶寶都在補，不給自己的寶寶補心裏不踏實。生怕寶寶營養跟不上，輸在了起跑線上。那麼，到底要不要給寶寶補充營養素製劑呢？哪些營養素真的需要補？多補會對寶寶的身體有害嗎？這些問題一直是媽媽的心病。

解決焦慮：均衡營養，食補是王道

對於已加固的寶寶來說，要儘快引入各種營養豐富的食物，均衡營養的膳食才是最重要的。寶寶還要加強戶外活動，促進身體對營養的消化和吸收。所以，家長應該多了解不同食物中富含哪些營養素，如何搭配好寶寶的一日三餐與零食加餐，這才是最重要的。

家長給寶寶單獨吃營養素補充劑的做法並不可取，因為營養素補過量了會中毒，給寶寶身體帶來健康隱患。

★ 可以吃丁塊狀、指狀食物了

寶寶每天進食的量

 母乳和／或配方奶 600 毫升

 嬰兒米粉、肉末粥、菜末粥、爛麵等 30～45 克

 蛋黃 1 個

 肉禽魚 25～75 克

繼續嘗試蔬果，從少量開始

母乳餵養 4～5 次；加固 2～3 次

母乳和／或配方奶 **早上 7 點**	母乳和／或配方奶 **早上 10 點**
各種碎狀的食物，如肉末粥、菜末粥等 **中午 12 點**	母乳和／或配方奶 **下午 3 點**
各種碎狀的輔食 **下午 6 點**	母乳和／或配方奶 **晚上 9 點**

夜間可能還需要母乳或配方奶餵養 1 次

讓寶寶快樂接受蔬菜

1

在米飯裏加入粟米粒、青豆粒、紅蘿蔔小粒、蘑菇小粒，再滴上香油，美麗的五彩米飯或許能使寶寶興趣大增。再如，吃麵條的時候可配上青瓜、焯豆芽、燙菠菜葉等。可以把蔬菜放入魚湯、肉湯中同煮，將蔬菜與多種主食、肉食搭配。

2

如果寶寶暫時無法接受某種營養價值較高的蔬菜，可以找到與這種蔬菜營養價值類似的其他蔬菜來滿足寶寶的營養需要。比如，寶寶不肯吃紅蘿蔔，那就嘗試吃富含胡蘿蔔素的西蘭花、青豆苗、油菜等深綠色蔬菜。

3

讓寶寶在吃蔬菜時總是快樂的，培養他們熱愛蔬菜的感情。很多寶寶愛吃有餡料的食品，因此，可以常在肉丸、魚丸、餃子、包子裏添加少量寶寶平時不喜歡吃的蔬菜，久而久之，寶寶就會習慣並接受它們了。

手指食物，讓寶寶學會獨立進食

手指食物，其實是指寶寶能自己用手指捏起來送到嘴裏吃的「有形有塊」的食物。所以，不是只有磨牙餅乾、青瓜條、紅蘿蔔條才是手指食物，任何固體的、能被切成片狀或塊狀的、手指捏起來不會散的食物，都屬手指食物。8個月以上的寶寶，就要添加手指食物了。

手指食物帶來的好處

手指食物是寶寶從泥糊狀食物向成人飲食過渡的必經階段。錯過了手指食物添加期的寶寶，不容易順利接受碎菜碎肉類食物，往往會長期停留在泥糊狀食物。更有「嚼頭」的手指食物有助於訓練咀嚼能力，同時可以提高寶寶對新食物的接受能力、進食技巧和自己動手吃飯的意識，並促進寶寶面頜、牙齒和消化系統的正常發育。從「熟透了」到「脆生生」，請慢慢添加。

哪些食物適合做手指食物

1. 熟透的、軟的、去皮後的水果：香蕉、桃子、蒸熟的蘋果、梨、甜瓜、士多啤梨等。
2. 煮軟了的蔬菜：紅蘿蔔、紅薯、馬鈴薯、蘿蔔、西蘭花、菜花、蘆筍等。
3. 煮熟的穀類食物：熟麵條或意大利麵（切成長短大小合適的尺寸）、烤薄饅頭片、麵包片（去掉四周硬邊，只用中間軟心）。

添加手指食物需注意的

1. 添加手指食物的同時，不要停止添加泥糊樣食物，而是要穿插進行，隨着寶寶接受程度的改變來調整這兩類食物的比例。驟停泥糊樣食物會導致飲食紊亂和營養攝入不足。
2. 一定要讓寶寶坐着吃手指食物，其他姿勢會增加嗆咳的風險。
3. 在給寶寶吃手指食物的時候，一定要有大人在旁邊監督，以免出現嗆咳、誤吸等問題。

補充維他命 B 雜，促食慾、強身體

補充維他命 B 雜，可以多吃穀薯類、魚肉、禽畜肉、乳製品等食物。

權威解讀

《中國居民膳食指南》關於補維他命 B 雜

6～12 個月每日補充維他命 B_1 的量：0.3～0.6 毫克

6～12 個月每日補充維他命 B_2 的量：0.5～0.6 毫克

6～12 個月每日補充維他命 B_6 的量：0.4～0.6 毫克

6～12 個月每日補充維他命 B_{12} 的量：0.6～1.0 微克

維他命 B 雜包括維他命 B_1、維他命 B_2、維他命 B_6、維他命 B_{12}、菸酸、葉酸、泛酸以及生物素，這些營養素能夠幫助身體製造和利用熱量，如果缺乏這些物質，寶寶容易疲勞、食慾低等。有的寶寶晚上還經常哭鬧，這也有可能是缺乏維他命 B 雜特別是維他命 B_1，維他命 B_1 對神經組織和精神狀態有良好的影響，對成長中的寶寶尤其重要。

維他命 B 雜	主要作用	缺乏表現	食物來源
維他命 B_1	增進食慾，營養神經，維護心肌，消除疲勞	消化不良，有時還會引起手腳發麻及多發性神經炎和腳氣病	穀類、豆類、酵母、乾果、動物內臟、瘦肉、蛋類、深綠色蔬菜等
維他命 B_2	促進皮膚、指甲、毛髮的正常生長，促進發育和細胞的再生	出現口臭、睡眠不佳、精神倦怠、皮屑增多等	動物內臟、禽蛋類、奶類、豆類及新鮮綠色蔬菜等
維他命 B_6 維他命 B_{12}	維護腦功能，生成紅細胞	皮膚感覺異常、毛髮稀黃、精神不振、食慾下降、嘔吐、腹瀉、營養性貧血等	動物肝臟、牛肉、豬肉、牛奶、芝士、雞蛋、糙米、燕麥、花生、豆類等

　　酵母、動物肝臟等中含有豐富的維他命 B 雜，而且酵母中的維他命 B 雜更容易被人體吸收和利用，所以寶寶適當食用發酵的麵食，有助於補充維他命 B 雜。

　　維他命 B 雜是水溶性維他命，且容易被氧化，烹調時宜採用煮、蒸或做餡等加工方式，儘量減少營養的流失。

✱ 9～10個月寶寶營養餐

粟米青豆粥　促進消化

材料　白米 20 克，新鮮粟米粒 10 克，青豆 5 克。

做法

1. 白米洗淨，用溫水浸泡 30 分鐘；新鮮粟米粒、青豆分別洗淨，放入沸水中焯燙一下，去皮，倒入攪拌機中，加適量水攪拌成碎狀。

2. 將白米和適量水倒入鍋中，大火煮開，再放入粟米和青豆碎，煮熟即可。

功效　青豆一定要煮熟，否則容易引起腹脹。粟米和青豆都含有豐富的膳食纖維，不宜吃太多，否則容易導致消化不良。

小米淮山粥　健脾胃

材料　淮山 50 克，小米 15 克，白米 20 克。

做法

1. 白米和小米分別洗淨，用溫水浸泡 30 分鐘；淮山洗淨，戴上一次性手套削皮，切小丁。

2. 鍋置火上，倒入適量清水燒開，下入小米煮沸，再放入白米，大火燒開後煮至米粒七八成熟，放入淮山丁煮至粥熟即可。

功效　小米有健脾養胃的作用；淮山澱粉酶能促進胃液分泌。這款粥可促進寶寶腸胃蠕動，加速食物的消化。

雞肉餛飩　補充優質蛋白質

材料　雞肉 50 克，青菜 70 克，餛飩皮 10 張。

調料　雞湯、葱花各適量。

做法

1. 青菜擇洗乾淨，切碎；雞肉洗淨，上鍋蒸熟，切小塊，用攪拌棒攪碎。

2. 將青菜碎、雞肉碎攪拌做餡，包入餛飩皮中。

3. 雞湯放入鍋中燒開，放入餛飩生坯，煮熟時撒上葱花即可。

功效　雞肉的蛋白質含量較高，且含有不飽和脂肪酸，是寶寶所需蛋白質的良好來源。

✿ 寶寶日常照料及能力訓練

寶寶的衣服是穿多了還是穿少了

　　衣服及鞋子要大小得體，方便寶寶活動。由於寶寶的活動量增加，衣服不要穿得很多，隨溫度變化增減。平時可以經常摸摸寶寶的頸和手腳，只要頸是暖的，又沒有汗，手腳不是特別涼，就說明寶寶穿得合適。如果寶寶安靜時背上也有汗，就說明給寶寶穿多了。如果頸和手腳都很涼，則說明寶寶穿得不夠暖和。

寶寶夏天穿短褲最好過膝

　　對嬌弱的嬰幼兒來說，關節部位特別是膝蓋的保暖一年四季都很重要，炎熱的夏季也不例外。這是因為寶寶的膝關節皮下脂肪組織少，缺乏自我保護，如果穿着膝蓋以上的短裙或短褲，很容易在寶寶並不自知的情況下受涼，甚至為將來的生長發育埋下隱患。因此，對於 3 歲以下的嬰幼兒來說，最好穿長度過膝的短褲和裙子，比如寬鬆的五分褲和七分褲，既能保護小膝蓋，又不會有束縛感，非常適合好動的寶寶。

如何防止寶寶睡覺踢被子

1	2	3
被夾固定被子。用夾子夾住被子的角，將環套固定在床柱上，被子就不會被踢開了。注意用被夾固定被子時，要留出足夠的空間給寶寶翻身，否則會影響寶寶四肢活動和發育。	露出小腳丫。寶寶的小腳露在外面，通常他踢被子的次數會大大減少。不如索性睡覺時給寶寶穿上厚襪子，讓寶寶的小腳露在被子外面。	讓寶寶睡在睡袋裏面，拉上拉鍊（建議選擇下方封口的睡袋），寶寶怎麼動也不會把睡袋踢開。最好選用純棉或紗布質地的睡袋，這種面料既柔軟又透氣。

避免寶寶誤吞小物品

　　寶寶各方面能力都有所增強，如活動能力、精細運動能力、手眼協調能力等，能夠捏起小物品，並且出於好奇，經常將所抓物品放入口中啃咬，此時家長應特別注意防止寶寶將撿拾到的細小物品如小豆或藥丸等吞入體內（或吸入氣管中），以免發生意外。

建議寶寶經常活動的地方要整潔乾淨，小的物品都要收拾好，尖銳及危險的物品也要遠離寶寶，以免造成傷害。

適合 9 ～ 10 個月寶寶的玩具

這個階段的寶寶喜歡在家拿着茶葉桶滾着玩，或者用勺子敲打着金屬杯玩。也就是説這個階段的寶寶喜歡玩家裏各種各樣的器具，這種傾向比上個月更明顯。在玩具中，最喜歡敲擊樂器（鼓、木琴、鋼琴）。這也許是因為寶寶的手已經很好運用的緣故。愛好音樂的寶寶，給他放點音樂他會很高興，並且寶寶已有了希望放鬆的表現。

這一時期，為了促使寶寶爬行和扶着牆走步，把帶有發條裝置的玩具上滿發條使它移動，然後讓寶寶在後面追趕（汽車、火車、能走路的動物玩具）。此時，應經常檢查寶寶的玩具，以防受損玩具傷了寶寶手指。

能力訓練重點	● **大運動能力**：爬；扶着站立，扶着欄杆邁步。 ● **精細運動**：用拇指和食指熟練捏取小東西；將手指放進積木小孔中；從抽屜或盒內取出玩具。 ● **認知能力**：懂得「不」的意思，能理解帶手勢的簡單命令；認識幾件常見物品，聽到物品名會轉頭去找。 ● **語言能力**：模仿發「媽媽」「爸爸」等語音；用手勢表示「歡迎」「再見」。

拉起、蹲下，讓寶寶站得穩

大人站在寶寶的對面，握住他的雙手，拉起寶寶使其站立，再放下寶寶讓其蹲下，來回運動，邊做邊説「起立」「蹲下」。

用手指一指，認一認

抱着寶寶，指着家中常見的物品如開關、燈、雪櫃等，告訴寶寶「這是開關」「這是燈」「開關一按燈就會亮」，等寶寶看到相應的物品後，再反復對寶寶説這一物品的名字，然後問寶寶：「燈在哪裏？」讓寶寶學着用手去指認這些物品。

剛開始指認的時候，寶寶可能會指錯，這時家長要耐心地幫助寶寶指認。經過一段時間的訓練後，寶寶就能正確地指出常見的物品。指認的時候，一次最好只讓寶寶認一種物品，避免寶寶混淆。

★ 9～10個月寶寶異常情況處理

寶寶大哭憋氣

有些寶寶在生氣、害怕、疼痛時會大哭起來，但有時會出現哭聲突然中斷、呼吸停止、面色青紫的表現，嚴重的還會出現意識喪失、抽搐，一般持續幾秒鐘至 1 分鐘即可恢復，這種現象叫「屏氣發作」，是發生在嬰幼兒時期的一種神經官能症，不需要特殊治療，隨着寶寶年齡不斷增大會自然消失。對有大哭憋氣的寶寶，家長可適當「嬌慣」一些，儘量使寶寶少發脾氣，緩和他的暴躁情緒，以減少或避免憋氣發作。

突然夜啼

平時睡覺很乖的寶寶，突然夜裏哭鬧起來。如果哭得不厲害，哄一下就好了。如果寶寶哭了一會兒，不哭了，過一會兒又開始哭，並且哭得比上一次還要厲害，反復幾次，父母一定要考慮寶寶是否不舒服，並及時送醫。

把餵到嘴裏的飯菜吐出來

以前餵寶寶吃固體食物的時候，可能餵甚麼寶寶就吃甚麼，現在寶寶的個性愈來愈強，會對食物做出選擇了。如果是寶寶不喜歡的飯菜，或者寶寶已經吃飽了，就會拒絕。這時候父母不要強迫寶寶進食。

改善寶寶暈車症狀

寶寶暈車跟平衡器官發育和反應程度有關，飽腹、身體不適、車內空氣不流通都可能加重反應。對嬰兒來説隨着發育成熟，暈車的反應大多可以改善，一般不主張使用藥物控制症狀。父母可以適當開窗、控制車速、減少行駛距離等給寶寶一個逐漸適應的過程。

11 ～ 12 個月

★ 11 ～ 12 個月寶寶的生長特點

項目 ＼ 性別	11 個月寶寶的情況		12 個月寶寶的情況	
	男寶寶	女寶寶	男寶寶	女寶寶
體重適宜範圍（千克）	8.8~11.0	8.3~10.2	9.0~11.2	8.5~10.5
身長適宜範圍（厘米）	72.7 ～ 78.0	71.1 ～ 76.4	73.8 ～ 79.3	72.3 ～ 77.7

11 個月寶寶　抱奶瓶自食；扶椅或推車能走幾步，拇、食指對指拿食物

12 個月寶寶　對人和食物有喜憎之分；穿衣能配合；用杯喝水

11 ～ 12 個月 焦慮關鍵詞：斷不斷奶

「母乳無限好，只是斷奶難」

　　寶寶快 1 歲了，白天都不怎麼愛吃奶了，只有媽媽下班回來後才懶洋洋地吃上幾口。媽媽也沒多少奶水了，現在應不應該斷奶？老一輩說，斷奶一定要下狠心，母子分離，寶寶沒法吃奶，就可以強行斷掉。而媽媽則很糾結，寶寶一夜之間失去了奶水，又找不到媽媽，會多麼痛苦、恐懼和不安。

解決焦慮：從以母乳為主變母乳為輔

　　讓寶寶自然離乳，採用循序漸進減少母乳的方式，對寶寶造成的心理創傷是最小的。如今提倡純母乳餵養到 6 個月，之後混合餵養到 2 歲最好。有些寶寶不長高的原因，是因為過度依賴母乳，導致不能合理膳食，固體食物餵不進去，加上媽媽母乳質量不高，上班後不能按時、按需哺乳，這類情況就建議斷奶。

★ 培養寶寶進入一日三餐模式

寶寶每天進食的量

 母乳和 / 或配方奶
600 毫升

 蛋黃　　1 個

 肉禽魚　25~75 克

 穀物（嬰兒米粉、稠厚的粥、軟飯、饅頭等）50~75 克

 嘗試不同種類的蔬果，自己啃香蕉、煮熟的馬鈴薯或紅蘿蔔等

母乳餵養 3～4 次，加固 2～3 次

 早上 7 點：母乳和 / 或配方奶，加嬰兒米粉或其他輔食

 早上 10 點：母乳和 / 或配方奶

中午 12 點：各種稠糊狀或小顆粒狀食物，可以嘗試軟飯、肉末、碎菜等

下午 3 點：母乳和 / 或配方奶，加水果泥或其他輔食

 下午 6 點：各種稠糊狀或小顆粒狀食物

晚上 9 點：母乳和 / 或配方奶

鼓勵寶寶自己吃東西

　　寶寶的小手愈來愈靈活了，可以開始鍛煉寶寶自己拿勺子吃飯。給寶寶準備一套專用餐具，爸爸媽媽先給寶寶示範怎樣用勺子吃飯，讓寶寶進行模仿。此時，寶寶還不會自如地使用勺子，也可能不會準確地把勺子放到嘴裏，有的可能把勺子扔掉直接用手吃。不管是哪種情況，都要鼓勵寶寶自己練習吃飯，慢慢培養寶寶獨自進餐的好習慣。

三餐模式下的飲食結構

　　這個階段的寶寶停止夜間餵養，一日三餐時間與大人大致相同，並在早餐至午餐、午餐至晚餐、臨睡前各安排一次加餐。

　　寶寶的一日三餐應是各種不同的食譜，這能培養寶寶對食物和進食的興趣，也能充分攝取所需的各種營養成分。在保證每天 400~600 毫升奶量的基礎上，攝入足量的動物性食物、一定量的穀物類，引入不同種類的蔬菜、水果，增加寶寶對不同食物口味和質地的體會，減少將來挑食、偏食的風險。引入新的固體食物時，仍應遵循輔食添加原則，循序漸進，密切關注是否有食物過敏現象。

　　注意在繼續擴大食物種類的同時，增加食物的稠度和粗糙度（加固比前期加稠、加粗，帶有一定的小顆粒，並可嘗試塊狀食物）。

寶寶加固中固體食物應佔 50%

　　寶寶到 1 歲左右時，加固中固體食物要佔輔食的 50%，以鍛煉寶寶的咀嚼能力，咀嚼能使牙齦結實，促進牙齒萌出，還能緩解出牙時的不適。

體質是寒是熱？寶寶適合吃甚麼水果

偏熱體質

✅ 宜選擇水果

涼性水果：
梨、香蕉、奇異果、西瓜等

根據寶寶體質
選擇水果

虛寒體質

宜選擇水果 ✅

溫熱水果：
車厘子、荔枝、龍眼、石榴、桃等

❌ 不宜選擇水果

橘子、榴槤、紅棗等

不宜選擇水果 ❌

哈密瓜、西瓜、柚子、奇異果等

維他命 C 的補充，這樣做才正確

《中國居民膳食指南》關於怎麼補維他命 C

0 ～ 12 個月每日補充維他命 C 的量：40 毫克

1 ～ 4 歲每日補充維他命 C 的量：40 ～ 50 毫克

維他命 C 缺乏時機體抵抗力減弱、易患疾病，表現在寶寶身上最多的是經常性感冒。維他命 C 還參與造血過程，缺乏時表現為出血傾向，如皮下出血、牙齦腫脹出血、鼻出血等，同時傷口不易癒合。因為維他命 C 不能在體內儲存，所以寶寶每天都應攝入一定量的維他命 C，才能促進生長發育。

寶寶補充維他命 C 的方法

多吃新鮮蔬果

新鮮蔬果中含維他命 C 較多，如甜椒、椰菜、菜花、薺菜、芥蘭、大白菜、白蘿蔔、藕、苦瓜、番茄、橙、柚子、鮮棗、奇異果、士多啤梨等。一般情況下，1 歲左右的寶寶正常飲食外，再進食半個奇異果（每百克含 62 毫克維他命 C），或一個柑（每百克含 28 毫克維他命 C），或 80 克的士多啤梨（每百克含 47 毫克維他命 C），就可以基本滿足正常所需了。

在醫生指導下服用維他命 C 製劑

維他命 C 並沒有直接抗流感病毒的作用，但可以提高機體抵抗力。對於反覆感冒的嬰幼兒，可在醫生指導下適當補充維他命 C 製劑，但不建議長期使用。

生吃蔬果更能補充維他命 C

維他命 C 不耐熱，在燒煮的過程中會被部分破壞掉，所以一般建議生吃蔬果來補充。如剛開始添加輔食時，直接將水果刮成泥餵給寶寶食（不經蒸煮），或直接榨成蔬果汁給寶寶喝。

✿ 11 ～ 12 個月寶寶營養餐

肉末油菜粥　補鐵、明目

材料 白米 30 克，肉末 20 克，油菜葉 40 克。

調料 葱末、薑末各 3 克。

做法

1. 油菜葉洗淨，切碎；白米洗淨。
2. 鍋中倒入適量水煮開，放入白米，大火煮開，轉小火熬煮成粥。
3. 另起鍋，放油燒熱，炒香葱末、薑末，下肉末炒散，放油菜末炒勻，起鍋，倒入粥鍋中稍煮即可。

功效 豬肉富含維他命 A、鐵，對保護寶寶視力和維護造血功能有益。

海帶青瓜飯　預防便秘

材料 白米 40 克，海帶 10 克，青瓜 20 克。

做法

1. 海帶用水浸泡 10 分鐘後撈出，切成小碎塊。
2. 青瓜去皮後切成粒。
3. 把泡好的白米和適量水倒入鍋裏，將米煮成爛飯，然後放入海帶和青瓜粒，用小火蒸熟即可。

功效 海帶中含有大量的不飽和脂肪酸和膳食纖維，可以調理寶寶的腸胃，預防寶寶便秘。

冬瓜球肉丸　增進食慾

材料 冬瓜 50 克，肉末 20 克，冬菇 10 克。

調料 薑末適量。

做法

1. 冬瓜去皮、去瓤，冬瓜肉剜成球；冬菇洗淨，切成碎。
2. 將冬菇碎、肉末、薑末混合並攪拌成肉餡，然後揉成小肉丸。
3. 將冬瓜球和肉丸放在碟上，上鍋蒸熟即可。

功效 冬瓜能清熱利尿，適合寶寶夏季食用；豬肉和冬菇能增進食慾。

✿ 寶寶日常照料及能力訓練

帶寶寶曬太陽，怎麼曬才最好

在天氣晴朗的日子裏，很多媽媽喜歡推着小推車帶寶寶到戶外曬太陽。不過，對嬰幼兒來説，曬太陽是很有講究的。

曬太陽的最佳時間

時間最好以上午 9～10 時為宜，此時紅外線強，紫外線偏弱，可以促進新陳代謝；下午 4～5 時紫外線 X 光束成分多，可以促進腸道對鈣、磷的吸收，增強體質。而上午 10 時至下午 4 時紫外線最強，會傷害寶寶的皮膚。一般，每次帶寶寶到戶外曬太陽的時間不宜超過半小時。

曬太陽要適當減衣物

冬春季節在保暖的前提下，應儘量曝露皮膚；夏秋季節應少穿衣，不可過分遮擋紫外線。在曬太陽過程中，很多媽媽怕寶寶受涼，給寶寶包裹得很厚，也不科學。寶寶曬太陽時應該在保證暖和的前提下，讓寶寶的頭、手、腳以及能露的地方儘量露出，最好把他的頭和眼睛用太陽帽遮起來，不要讓刺激的陽光直接照射眼睛。

曬完太陽後及時添衣

曬完太陽後，及時為寶寶添加衣物。因為在陽光下毛孔是打開的，回到陰冷的室內容易吸收潮氣受涼，導致感冒。

別讓寶寶隔着玻璃曬太陽

有的家長怕寶寶吹風，就在家隔着玻璃曬。這樣大部分的紫外線基本都會被玻璃阻擋，起不到促進鈣吸收的作用。

曬太陽後要注意給
寶寶適當補水。

培養寶寶定時排便的意識

培養良好的排便習慣，注意觀察寶寶大小便前的徵兆，發現徵兆應立即讓寶寶坐盆，並用「噓噓──」或「嗯嗯──」的聲音，促使寶寶排便。

最好堅持每天在固定時間排便，這樣寶寶就能逐漸形成條件反射，一到時間就會大便了。

寶寶睡前良好習慣的養成

在寶寶睡前半小時，父母可以帶寶寶進行一連串睡前儀式，如：洗澡（或洗臉、洗手）、喝奶、喝些白開水漱口（寶寶稍大後可協助其刷牙）、換睡衣、講睡前故事、聽音樂、道晚安等，通過規律的睡前儀式，讓寶寶形成「做完這些事就要睡覺」的意識，幫助寶寶養成自主入睡的習慣。

怎麼避免寶寶體內鉛含量超標

寶寶愈來愈大，愈來愈活躍，如果大人常推着寶寶去汽車多的路邊，加上接觸書、蠟筆、彩色玩具等機會增多，如果洗手不及時、不徹底，有可能導致寶寶的血鉛水平超標。

因此，媽媽要注意給寶寶勤洗手，少去馬路兩旁玩耍；媽媽也要少染髮，不給寶寶吃爆谷等含鉛食品；多喝奶，吃一些雞蛋、小蝦皮、深海魚、海帶、豆製品，增加蛋白質、鈣、鐵、鋅的攝入，以抑制腸道對鉛的吸收。富含維他命C的食物對預防鉛中毒也有很好的效果，可適當餵食奇異果、柑橘、士多啤梨等。

適合 11～12 個月寶寶的玩具

寶寶滿 10 個月後，手指就能相當靈活地抓東西了。儘管還不能搭積木，但已經能用雙手拿着物體互相敲打，或者把積木擺起來玩。與其讓寶寶在屋裏一個人玩玩具，倒不如帶他到戶外玩玩。在草坪上和爸爸玩，只要有一個橡皮球就足夠了。

也可以讓寶寶塗鴉，給他一些紙和彩筆。還可以讓寶寶追着上了發條就能跑的汽車玩具，以練習走路。寶寶喜歡看畫冊，可以給寶寶準備不同的畫冊，但以無複雜背景的為好。

育兒專家提醒

逗寶寶開心，別捏鼻子

不管是想逗寶寶笑，還是想把他扁扁的鼻子「捏成高鼻樑」，都別老用手捏寶寶的鼻子。因為幼兒的鼻腔黏膜嬌嫩、血管豐富，常捏很有可能會損傷黏膜和血管，導致鼻腔的防禦屏障能力下降，增加被細菌、病毒侵犯的風險。

- **大運動能力**：獨站、扶走。
- **精細運動**：扶物蹲下撿拾地上的玩具；從杯子中取物，並將東西放入杯中；把書打開、合上。
- **認知能力**：指認身體幾個部位，如鼻子、嘴巴、眼睛等；模仿成人動作，如推玩具小車向前。
- **語言能力**：能理解成人肯定或否定的語言，並以動作、表情予以回應，如聽到「不許拿」時會把手中的東西放下；有意識地叫爸媽。

學習用杯子喝水

寶寶 10 個月左右能自己雙手抱住奶瓶喝奶；12 個月左右能自己用杯子喝水。父母可以買一個帶吸管的杯子，讓寶寶學着用吸管喝水。

開始時杯中可少放些水，教寶寶自己端着往嘴裏送，父母可適當給予幫助，以後逐漸由寶寶自己來完成。這樣對保護牙齒、促進口腔功能發育很有幫助。否則奶瓶不離嘴，寶寶易得奶瓶齲，有的乳牙由於患奶瓶齲甚至剛長出來就爛掉了。

慢慢學着用勺吃飯

一般寶寶 12 個月左右就能自己用手抓東西吃，他的動作發育和手眼協調能力更好了，可以開始練習在別人的幫助下用勺吃飯了。

開始練習時先給寶寶準備一些玩具餐具，與寶寶一起玩假裝吃飯的遊戲。然後再給寶寶準備不怕摔的碗和勺，試着在寶寶的碗中放少量食物，讓寶寶學着用勺吃飯。經過一段時間的練習，寶寶慢慢地就可以獨立用勺吃飯了。

學小雞小鴨小貓叫

選幾張常見的動物圖片，教寶寶認識，然後告訴他不同動物的叫聲，如小狗「汪汪」叫、小貓「喵喵」叫，小鴨「嘎嘎」叫等。每次拿出動物圖片或看到相應的動物時，讓寶寶模仿動物的叫聲。多次重複後，在不看圖片或實物時，也可問寶寶各種動物的叫聲。

✱ 11～12 個月寶寶異常情況處理

還沒出牙

寶寶的乳牙一般會在出生後 4～10 個月裏開始陸續萌出，一般在 1 歲以內萌出都屬正常。

寶寶出牙晚，可能是缺鈣、長期生病（如肺炎、腹瀉等）造成的，也可能是由一些內分泌疾病引起。如甲狀腺功能低的寶寶，代謝慢，易便秘，不愛進食，出牙會較慢。此時要到醫院檢查，如果寶寶缺鈣，應遵醫囑服用鈣劑，千萬不能不檢查就給寶寶亂補鈣或其他製劑。另外，加固過晚的寶寶也容易造成出牙較晚較慢。

即使 1 歲時才出第一顆牙的寶寶，只要沒有其他健康問題，注意合理、及時地加固，多曬太陽，就能保證今後牙正常萌出。但一歲半才出牙，就要到醫院查找原因了，如是否患有佝僂病、是否伴有其他異常情況等。

先天性髖關節脫位

剛學走路的寶寶，由於身體控制平衡的能力欠佳，上下肢的力量也不夠強，因此走起路來常呈現內八字或外八字步態，隨着年齡的增長和經常鍛煉，平衡能力會逐漸增強，慢慢就會走好了，不需要特殊處理。但是，如果發現寶寶走起路來一瘸一拐的，或是鴨步態，就需要引起注意，要及時去醫院檢查，以排除先天性髖關節脫位等異常情況。

睡覺打呼嚕

一般寶寶睡覺不會打呼嚕，如果寶寶睡着後打呼嚕，可能是腺樣體或扁桃體肥大，在睡眠時堵塞了鼻咽部，嚴重的還表現為張口呼吸。這些寶寶容易出現反復呼吸道感染。如果長期慢性缺氧，會影響寶寶的生長發育。因此，大多數寶寶睡覺打呼嚕是病態的表現，應及早去醫院檢查和治療。但也不排除睡覺姿勢不正確，或枕頭高低、軟硬不當導致打呼嚕。

1～2歳

★ 1～2 歲寶寶的生長特點

項目 \ 性別	13～18 個月寶寶的情況		19～24 個月寶寶的情況	
	男寶寶	女寶寶	男寶寶	女寶寶
體重適宜範圍（千克）	9.2~12.6	8.6~11.9	10.3~14.0	9.8~13.3
身長適宜範圍（厘米）	74.9~85.8	73.5~84.6	80.7~92.1	79.8~90.7

15 個月寶寶 能表示同意、不同意

18 個月寶寶 會表示大小便、懂命令、會自己進食

1～2 歲 焦慮關鍵詞：配方奶繼續喝嗎

「不喝配方奶，營養能否跟得上」

經常在育兒書籍上看到說牛奶是寶寶獲取鈣質的主要來源，並含有多種維他命，寶寶 1 歲後就可以喝牛奶了。寶寶喝牛奶後，有沒有必要繼續喝配方奶呢？不喝配方奶，寶寶會不會缺營養呢？

解決焦慮：繼續配方奶至 3 歲

1 歲後，如有條件可繼續喝配方奶至 3 歲，配方奶更適合嬰幼兒。如寶寶生長發育好，不喜歡喝配方奶，也可選擇部分全脂牛奶搭配部分配方奶。

✿ 對食物愈來愈感興趣， 飲食要多樣化

寶寶每天進食的量

 奶類 400～600 克

 雞蛋 1 個

 肉禽魚 50～75 克

 穀物類（軟飯、麵條、饅頭、嬰兒米粉等）50～100 克

 水果（切片食用）50～150 克

 蔬菜 50～150 克

 油 5～15 克

與家人一起進食一日三餐

 早上 7 點 母乳和／或配方奶，加嬰兒米粉或其他輔食，嘗試家庭早餐

 早上 10 點 母乳和／或配方奶，加水果或其他點心

中午 12 點 各種加固食物，鼓勵寶寶嘗試成人的飯菜，鼓勵自己進食

 下午 3 點 母乳和／或配方奶，加水果或其他點心

 下午 6 點 各種加固食物，鼓勵寶寶嘗試成人的飯菜，鼓勵自己進食

 晚上 9 點 母乳和／或配方奶

如何實現寶寶的多樣化加固

寶寶飲食應堅持合理、平衡的膳食原則，保證糧食、蔬菜、蛋肉、奶製品、豆製品和水果供應，每天攝入 15～20 種食物。根據寶寶的年齡和身體情況，食物進行合理搭配，才是科學餵養寶寶的基本原則。

糧食、蔬菜、豆類、肉類，這 4 種食物要隨着寶寶的長大而逐步增加，而水果、蛋類、油類和糖類卻不是隨着年齡增大而增加的。隨着寶寶的年齡增長奶類應減量（但仍應保證每日 400 毫升左右），這樣才能全面促進寶寶的健康成長。

寶寶補鈣，應以食補為主

權威解讀

《中國居民膳食指南》關於補鈣

1～4 歲每日攝入鈣的量：600～800 毫克

鈣有助於骨骼和牙齒健康，對於發育期的寶寶尤其重要。學齡前兒童缺鈣的表現是：不易入睡、入睡後愛啼哭、易驚醒、夜間多汗、出牙晚等。

寶寶補鈣的方法

母乳餵養： 100 毫升母乳約含 35 毫克鈣，吸收率較高。

配方奶餵養： 100 毫升含 50 毫克鈣，吸收率不如母乳高。

調整飲食： 1～2 歲寶寶，可以將鮮牛奶、酸奶、奶酪等作為食物多樣化的一部分而逐漸嘗試，但建議少量進食為宜，不能以此完全替代母乳或配方奶。1 歲後的寶寶首選全脂牛奶，因為脂肪對大腦成長發育很關鍵。如果寶寶不愛喝牛奶，可用酸奶或芝士來替代。

> **1～3 歲寶寶所需鈣量 ＝ 母乳和/或配方奶 500 毫升 ＋ 牛奶 100 毫升 ＋ 豆腐 30 克 ＋ 綠葉蔬菜 200 克**

簡單計算寶寶一天吸收了多少鈣

舉個例子：一個一歲半的寶寶，一天需要 600 毫克的鈣，其一天的鈣來源主要包括：母乳 100 毫升（約含 35 毫克鈣）、配方奶 500 毫升（約含 250 毫克鈣）、牛奶 250 毫升（約含 260 毫克鈣）、豆腐 30 克（約含 49 毫克鈣）、小黃魚 30 克（約含 23 毫克鈣）、小油菜 100 克（約含 153 毫克鈣）。

通過粗略計算，寶寶攝入的總鈣量為 770 毫克。然而，補鈣要從鈣的攝入量、吸收率和沉積率三方面來衡量。在寶寶消化吸收功能正常的前提下，一天曬 30 分鐘的太陽，鈣的吸收率會增加到 70%，可算出一天大約吸收了 539 毫克（770×70%）的鈣。這個寶寶還缺 61 毫克（600 － 539）的鈣，再補充約 84 毫升（61÷104%÷70%）的牛奶就行了。

不要忽視富含膳食纖維的食物

寶寶補膳食纖維的方法

1. 以一碗富含膳食纖維的穀物粥作為一天的開始。可在穀物中加入新鮮水果以增加甜味，提高寶寶的食慾。
2. 隨着寶寶咀嚼功能的提高，1 歲後儘量少用蔬果汁代替吃蔬果。因為新鮮蔬果富含膳食纖維，而蔬果汁含量很低。
3. 在湯、燉菜、沙拉、蛋炒飯等中加些豆類，提高膳食纖維含量。
4. 讓寶寶愛上蔬菜。如果寶寶不愛吃芹菜，可淋些花生醬或是撒些葡萄乾，可能寶寶就愛吃了。

謹慎選擇膳食纖維補充劑

如果寶寶沒有出現嚴重便秘等情況，僅從食物中就可以補充足夠的膳食纖維，不需要額外添加膳食纖維補充劑。

膳食纖維主要來源於植物性食物，如糧穀類的麩皮，紅豆、綠豆、黑豆、芸豆、青豆等豆類，柑橘、蘋果、鮮棗、奇異果、紫葡萄等水果，椰菜、牛蒡、紅蘿蔔、菠菜、芹菜等蔬菜中都富含膳食纖維。

延伸閱讀

美國兒科學會建議怎麼補充膳食纖維

6 月齡後每日補充膳食纖維的量為 0.5 克。

美國對於 2 歲以上幼兒，推薦每天膳食纖維攝入量為其年齡加 5 克。例如：一個 4 歲的寶寶，每天宜攝入 9 克膳食纖維（4+5）。

育兒專家提醒

1 歲左右，可吃蔬菜飯： 準備西芹 50 克、泡發木耳 10 克、米飯 75 克、雞肉或魚肉（去刺）15 克。將西芹、木耳、肉切碎，和米飯一起蒸。

2 歲以上，可吃五香煮芸豆： 準備各色芸豆、五香料、鹽。將芸豆洗淨，加五香料、鹽、水與芸豆共煮。

✿ 1～2歲寶寶營養餐

肉末炒雙丁　改善貧血

材料 豬瘦肉、紅蘿蔔、青瓜各 25 克。

調料 葱末、薑末各 3 克，醬油 5 克。

做法

1. 豬瘦肉洗淨，切碎，放葱末、薑末、醬油拌勻；紅蘿蔔、青瓜洗淨，切丁。

2. 鍋內倒油燒熱，放入豬瘦肉碎煸炒片刻，放入紅蘿蔔粒，炒 1 分鐘，再放入青瓜粒稍炒即可。

功效 豬肉含有鐵、優質蛋白質，有助於改善寶寶缺鐵性貧血。

愛心飯卷　輔治貧血、增強記憶

材料 米飯、乾紫菜各 50 克，火腿、青瓜各 40 克，鰻魚 30 克。

調料 鹽適量。

做法

1. 火腿和青瓜分別切成小條，燙熟後用鹽、油拌入味；鰻魚切片後調味。

2. 保鮮紙平鋪開，均勻地鋪上一層米飯，壓緊，再鋪上一層紫菜，擺上火腿、青瓜、鰻魚，將保鮮紙慢慢捲起，捲的時候要捏緊。

3. 用保鮮紙包住後冷凍，食用前取出切塊加熱即可。

紅蘿蔔炒飯　促進寶寶生長

材料 紅蘿蔔 30 克，乾冬菇 10 克，米飯 80 克。

調料 醬油、白糖各 5 克，葱花、薑片各 3 克。

做法

1. 紅蘿蔔洗淨，切粒；乾冬菇用溫水泡發，切粒。

2. 把醬油、白糖、葱花、薑片放入小湯鍋中混合均勻，加熱燒開收汁，製成甜醬油，離火過濾待用。

3. 油鍋燒熱，加入冬菇粒、紅蘿蔔粒翻炒片刻，倒入米飯拌勻，調入甜醬油拌勻即可。

❀ 寶寶日常照料及能力訓練

1 歲趕緊教寶寶正確漱口、刷牙

1 歲時，多數寶寶已有 6 ～ 8 顆乳牙，一般情況下，1 歲左右就可以學着漱口了。

一步一步給寶寶演示

父母要一步一步給寶寶演示，先將漱口水含在嘴裏，然後將後牙咬緊，一下一下鼓動腮幫子，讓水從牙縫通過，就能達到漱口的目的了。

開始時，用溫開水練習，就算寶寶不小心把水咽下去，也不會有甚麼危害。每天多練習幾次，慢慢就能掌握要領了。

> **育兒專家提醒**
>
> #### 護牙從小做起
>
> 寶寶 1 歲後，可計劃帶寶寶看牙醫。定期牙科檢查對維護寶寶的口腔衛生非常關鍵，家長應認真聽取牙醫的護牙建議。

每次吃飯後都學着漱漱口

不管寶寶能不能做好，都可以讓他在每次吃完東西後學着漱漱口，這樣做有助於預防嬰幼兒齲齒。

護好寶寶足弓從選對鞋開始

> ### 2 ～ 14 歲
>
> 兒童足部骨骼生長的成型時期。「穿錯鞋」對寶寶腳部會造成損傷，常見的有足弓問題和內外翻。家長給寶寶選鞋應根據每個年齡段寶寶腳部發育的差異來選擇。

> ### 1 ～ 3 歲
>
> 寶寶開始學習站立、行走、小跑，這個階段是足弓形成的關鍵時期，應選擇鞋底輕薄柔軟，能夠大幅度曲折，鞋頭有一定翹度，避免走路磕絆的鞋子。這個年齡段，儘量選擇過腳踝的高幫鞋子，鞋帶不用系太緊，鞋也不易脫落、遺失。

> ### 3 歲以上
>
> 最好選擇鞋底具有一定的厚度和硬度，鞋底前掌部位容易彎折、鞋底有足夠的耐磨性能和防滑性能、襻帶拉力足夠的鞋。

訓練寶寶自己坐馬桶如廁

1 歲後，可以試着訓練寶寶自己坐馬桶如廁，讓寶寶把去廁所如廁變成日常行為。

對寶寶的如廁訓練，家長不必太着急。從生理上來說，寶寶不到 3 歲，白天的大小便不能完全自己控制；不到 5 歲，晚上的大小便也不會完全控制。父母應耐心訓練，不能操之過急。

剛開始訓練寶寶自己排便時，難免會有尿褲子的情況，家長千萬不要責怪寶寶，要輕聲細語地告訴他沒關係，下次想大小便時，及時告訴爸爸媽媽。另外，一定要保證馬桶乾淨，衛生間空氣清新，讓寶寶不排斥廁所。在冬天，要記得給馬桶圈套上座套，不要冰到寶寶的屁股。

寶寶坐車要配備安全座椅

如今，私家車愈來愈普及，在為愛車配置各種裝備的時候，有一樣東西是必須給寶寶配備的——安全座椅。

抱着寶寶乘車，無論是坐在前排還是後排，對寶寶來說都是非常危險的。如果前排有安全氣囊，安全氣囊被點爆時，大人也正在做向前的慣性運動，這兩者之間碰撞的相對速度會非常大，寶寶被夾在大人和氣囊之間會受到嚴重傷害。如果抱着寶寶坐在後排，寶寶很有可能撞在靠背上，由於寶寶身材矮小，頭部和胸部會直接撞在座椅上。所以，最安全的做法是給寶寶準備兒童安全座椅。

給 1 ～ 2 歲寶寶創造遊玩的場所

1 ～ 1.5 歲的寶寶都喜歡能用全身力量玩的玩具，因為寶寶想提高運動能力，他們喜歡玩鞦韆、滑梯、推車、皮球等。為了提高寶寶的想像力，可以給寶寶積木讓他擺各種東西，也可以給他紙、蠟筆、水彩筆，讓寶寶隨意塗鴉。

寶寶過了一歲半，走路也快了，手也靈巧起來。但認為他超過了一歲半，就必須買些特別的玩具則是沒必要的。可用現有的玩具讓寶寶自由發揮各種玩法。此時需要一個大一些的空間，重要的是給寶寶創造一個遊玩的場所。

- **大運動能力：** 走路；蹲着玩；爬台階；雙腳跳。
- **精細運動：** 疊積木；有目標地扔皮球；用勺子吃飯。
- **認知能力：** 能表示同意、不同意；懂命令；會表示大小便。
- **語言能力：** 15 個月時能説出幾個詞和自己的名字；2 歲會説 2～3 個字構成的句子。

留尾巴，調動寶寶認真「聽」

不會講話的寶寶聽了一肚子的故事或兒歌，媽媽一定要「考一考」寶寶。媽媽在念兒歌時，念到最後一個字時，將説話的速度放緩，等待寶寶參與。有些剛冒話的寶寶發音不清晰，媽媽要面帶微笑，語調興奮地肯定寶寶，調動寶寶認真「聽」和參與的積極性。

> 在和寶寶互動時，媽媽要去掉功利心，不盼望寶寶記住甚麼，寶寶有聽的意識就好。

讓寶寶隨意亂塗亂畫

塗鴉，是寶寶年幼時畫畫的一種表現形式，隨着寶寶的成長，它也有其不同的特徵。比如第一階段主要是隨意的亂塗亂畫（1.5～2.5 歲），敲敲點點、畫出一些歪歪扭扭的線條；第二階段是受控制塗鴉（2.5～3 歲），嘗試畫出圓圈。一般一歲半左右，寶寶開始對塗鴉產生興趣。

塗鴉準備

1. 在桌子上放上一些紙和筆，讓寶寶用筆在紙上自由地塗鴉。
2. 開始的時候紙張可以大些，以後可以逐漸變小。
3. 也可以為寶寶準備一個畫架，告訴寶寶想畫畫的時候就去畫架上畫。

為了防止寶寶將家裏的任何地方都當成畫板，媽媽要為寶寶塗鴉做好充分的準備，除了畫板，可準備一面專門用來讓寶寶塗鴉的牆壁，以滿足寶寶塗鴉的需要。

2～3歲

★ 2～3 歲寶寶的生長特點

項目 ＼ 性別	25～30 個月寶寶的情況		30～36 個月寶寶的情況	
	男寶寶	女寶寶	男寶寶	女寶寶
體重適宜範圍（千克）	11.4~15.2	10.9~14.6	12.2~16.4	11.7~15.8
身長適宜範圍（厘米）	82.4~97.1	84.6~95.9	89.6~101.4	88.4~100.1

2 歲寶寶	能完成簡單的動作，如拾起地上的物品；能表達喜、怒、怕、懂

3 歲寶寶	能認識畫上的東西，認識男、女；自稱「我」；表現自尊心、同情心、害羞

> 2～3 歲 焦慮關鍵詞：挑食、偏食

「喜歡吃的猛吃，不喜歡的抿嘴不吃」

不少媽媽會發現自己的寶寶或多或少會有挑食、偏食的習慣。很多寶寶面對喜歡的食物，吃起來特別香、吃得毫無節制，對於不喜歡的食物則是堅決不碰，家人哄半天也只勉強吃下一兩口。

解決焦慮：做飯花心思，不強迫進食

寶寶對食物可能表現出不同的喜好，出現一時性偏食和挑食。父母應以身作則、言傳身教，與寶寶一起進食，起到良好的榜樣作用。對於寶寶不喜歡吃的食物，可通過變更烹飪方法（如將蔬菜切碎，將瘦肉剁碎，將多種食物製成包子或餃子等）的做法讓他愛上吃飯。也可採用重複小分量供應，鼓勵嘗試並及時給予表揚，但不可強迫進食。另外，父母還應避免用食物作為獎勵或懲罰的手段。

⭐ 可以自己獨立進餐了

寶寶每天進食的量

奶類 350～500 克

穀類 75～125 克

雞蛋 50 克

肉禽魚 50～75 克

水果 100～200 克

蔬菜 100～200 克

大豆 5～15 克
（相當於豆漿 42～125 毫升，
老豆腐 15～45 克）

油 10～20 克

鹽＜2 克

寶寶可與大人吃相似的食物

　　3 歲的寶寶可以跟大人吃相似的食物，比如可以跟大人一樣吃米飯，而不必再吃軟飯，但是要避開質韌的食物。一般食物也要切成適當大小並煮熟，但不要切得太碎，否則寶寶會不經過咀嚼直接吞咽。寶寶滿 3 歲後，牙齒咀嚼的能力提高，可以食用稍微硬點的食物。有過敏症狀的寶寶，還要特別注意慎食一些容易引起過敏的食物。

大人飯菜、寶寶輔食一鍋出的要點

　　給寶寶製作加固食物是個費力費心的活，如果學會在做大人飯菜時能「一拖二」地完成寶寶餐，也是一個非常好的選擇。

　　大人飯菜和寶寶輔食一鍋出的基礎是做好準備之後的最後調味環節。要想「一鍋出」，在做飯時先不要按常法加過多調味品，應該在菜基本熟透、出鍋前適當調味。但添加調料前，應將出鍋前未調味的菜肴盛出給寶寶準備的量，稍稍調味拌勻，而大人的菜再正常調味即可。切記避免讓寶寶吃不合口味或口味太重的輔食。

寶寶吃魚有講究，爸媽知多少

富含 DHA、EPA、蛋白質、維他命 D、鈣、磷、硒等。

清蒸魚營養損失少，原汁原味對寶寶的味覺發育有利。

一般每週 1～2 次，每次 50～100 克。如果寶寶特別喜歡吃某種魚，可以稍微多吃一點，但不可替代主食的位置。

營養豐富好處多

最好選擇清蒸

吃魚要適量

刺少個小更安全

「魚臉肉」很美味

一些無肌間刺（俗稱刺少）的魚類比較適合寶寶食用，比如大黃魚、三文魚、鯧魚、帶魚等。從生物鏈重金屬富集來看，最好是選擇小個頭的魚類，魚的個頭愈大，生長期愈長，體內所積累的污染元素愈多。因此，可以選擇三文魚、鱈魚等給寶寶蒸着吃。

「魚臉肉」（位於魚鰓邊上的那兩塊嫩魚肉）很適合寶寶吃，這個地方肉質細嫩、無刺，污染也不大。相對而言，魚頭污染較嚴重（動物的大腦組織新陳代謝緩慢，污染物不易排出），少給寶寶吃。另外，魚子富含卵磷脂，但膽固醇含量很高，給寶寶吃時要注意量的把握。吃魚子前最好碾壓一下，使魚子外面的膜破碎，這樣有利於消化吸收。

愛動流汗的寶寶注意補鉀

《中國居民膳食指南》關於怎麼補鉀

2～4歲每日補充鉀的量：900～1200毫克

寶寶會走會跑後多調皮好動，經常大汗淋漓，很多父母都非常注意給寶寶補充水分，卻沒意識到要及時補充一些礦物質，尤其是鉀。細胞和器官的正常工作離不開鉀，在寶寶運動時能給心臟和肌肉提供足夠的動力。

寶寶尤其需要補鉀的情況

寶寶在天熱大量出汗或運動出汗後感到全身無力、疲乏、心跳減弱，這是因為身體排出大量汗水，同時體內的鉀、鈉（尤其是鉀）等電解質也會隨汗液排出體外，造成低鉀血症。此時可以給寶寶喝一碗綠豆湯。在寶寶大量運動後，最簡單的方法是給寶寶吃一根香蕉。

富含鉀的食物

食物	含量	食物	含量
芸豆（紅）	1215	菠菜	311
紅豆	860	薺菜	280
青豆	823	香蕉、苦瓜	256
綠豆	787	藕、通菜	243
豆角	737	鮮粟米	238
毛豆	478	杏	226
扁豆	439	油菜	210
馬鈴薯	342	西芹	154

注：每100克可食部含量，單位：毫克。

寶寶外出遊玩，別忘了帶上一兩根香蕉，多項研究發現，寶寶肌肉疲乏無力，導致犯睏可能與缺鉀有關。

★ 2～3歲寶寶營養餐

五彩飯糰　健腦、保護視力

材料 米飯 200 克，雞蛋 1 個，紅蘿蔔 30 克，紫菜 10 克。

調料 鹽、葱末、薑末各適量。

做法

1. 雞蛋煮熟，取蛋黃切成末；紫菜切末；紅蘿蔔洗淨，去皮，切絲後焯熟，撈出後切細末。

2. 把米飯、蛋黃末、紅蘿蔔末、紫菜末揉成球即可。

功效 雞蛋富含卵磷脂，能促進寶寶智力發育；紅蘿蔔富含胡蘿蔔素，有助於寶寶視力發育。

鮮蝦燒賣　促進大腦發育

材料 白菜 150 克，淨蝦仁 30 克，金針菇、冬菇末、芹菜末、雞肉末、藕末各 20 克。

調料 鹽 1 克，薑末、葱末各 3 克，醬油 5 克。

做法

1. 蝦仁洗淨，挑去蝦線，切末；白菜洗淨，撕成片，焯燙後過涼。

2. 冬菇末、雞肉末、蝦仁末、芹菜末、藕末加醬油、鹽、葱末、薑末做成餡料，包在白菜葉裏，插上金針菇，包好口，蒸熟即可。

素雜錦炒飯　促進食慾

材料 米飯 80 克，雞蛋 1 個，紅蘿蔔粒、冬菇粒、青椒粒、洋葱粒各 30 克。

調料 鹽 2 克。

做法

1. 紅蘿蔔粒放入沸水中焯燙，撈出，瀝水；雞蛋打散，攪拌成蛋液，放入熱油鍋中炒熟，盛出。

2. 鍋留底油燒熱，炒香洋葱粒，再下冬菇粒煸炒，倒入米飯、青椒粒、紅蘿蔔粒和雞蛋翻炒均勻，放鹽調味即可。

功效 這道菜含有紅、黃、白、黑、綠 5 種顏色，色澤誘人，營養也很豐富。

✤ 寶寶日常照料及能力訓練

讓寶寶愛上刷牙

寶寶 2 ～ 2.5 歲時乳牙應出齊，共為 20 顆，這個時候要讓寶寶養成自己刷牙的習慣，讓寶寶擁有一口好牙。

讓寶寶模仿大人刷牙

2 ～ 3 歲的寶寶，最愛模仿大人的行為。家長可以在寶寶面前做出非常有趣的樣子來刷牙，一邊刷一邊説「真舒服」……寶寶就會跟着家長有模有樣地學刷牙了。

巴氏刷牙法，讓牙齒更健康

巴氏刷牙法又稱水平顫動法，能有效清潔寶寶牙齦溝的菌斑及食物殘渣。

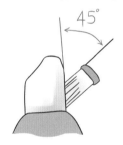

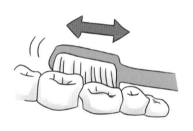

1. 刷毛與牙齒呈 45 度角。

2. 將刷毛貼近牙齦，略施壓使刷毛一部分進入牙齦溝，一部分進入牙間隙。

3. 水平顫動牙刷，在 1~2 顆牙齒的範圍左右震顫 8~10 次。

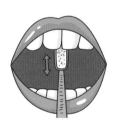

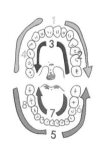

4. 刷完一組，將牙刷挪到下一組鄰牙（2~3 顆牙的位置）重新放置。最好有 1~2 顆牙的位置有重疊。

5. 將牙刷豎放，使刷毛垂直，接觸齦緣或進入齦溝，做上下提拉顫動。

6. 將刷毛指向咬合面，稍用力做前後來回刷。

7. 刷牙有順序，每處都刷到。

卡通片裏的視聽安全

　　卡通片是每個人童年的夥伴。有些卡通片能讓寶寶增長知識、學習做人道理，有些卻可能阻礙寶寶心理發育，損害視覺和聽覺。美國兒科學會指出，2 歲以下的幼兒最好別看卡通片。

讓寶寶在光線明亮的地方看電視，離電視機的距離一定要在 2 米以上，電視屏幕愈大，觀看距離應該愈遠。

看電視如何保護眼睛

寶寶連續觀看卡通片不要超過 15 分鐘，每天看電視的時間要控制在 1 小時以內。

睡前最好不要讓寶寶看卡通片，以免影響睡眠。躺着看電視、吃飯時看電視等都要避免。

寶寶看電視時，家長可與他交流，分散注意力，使其不連續盯着屏幕。

音效別尖利刺耳

　　音效的類型對寶寶聽力和身心發育影響也很大。比如一些機械的聲音、打打殺殺的聲音等非常刺耳，對寶寶聽力有一定的影響，甚至會誘發寶寶產生狂躁情緒。

　　因此在給寶寶選擇卡通片時，聲音也是一個很重要的參考因素。可以選擇《獅子王》、《天空之城》、《泰山》、《海底奇兵》等畫面精美，配音、音樂令人陶醉，充滿親情、讚揚善良的作品。

給 2 ～ 3 歲寶寶廣闊的玩耍空間

　　這個年齡的寶寶喜歡靠發條（彈簧）運動或靠電池驅動的玩具。但是媽媽很快就發現，這些玩具只能給寶寶帶來一時的興趣，對只能一個人玩的玩具，寶寶馬上就膩了。

此時的寶寶更喜歡在戶外玩。騎三輪車玩就是這個年齡段寶寶喜歡挑戰的。剛開始，寶寶只能在家人幫助下騎或是自己推着車子走，到了 3 歲，才可以坐在上邊自己蹬着踏板騎。玩沙子和水也是這個年齡寶寶的高興事。

給寶寶創造一個玩耍的場所和空間，是説給他一個與小夥伴在一起玩的機會。正是因為有了小夥伴，玩才會變得更快樂。只要有夥伴，就是石板路也能變成玩具。

能力訓練重點	• **大運動能力**：雙腳跳；會跑；騎三輪車。 • **精細運動**：洗手、洗臉；脱穿簡單衣服。 • **認知能力**：能認識畫上的東西；識別男、女。 • **語言能力**：能説簡短的句子；能説短歌謠；數幾個數。

訓練寶寶「聽命令」

媽媽對寶寶發出由簡單到複雜的指令：到爸爸身邊來。

再增加內容：到爸爸身邊來，把蘋果給奶奶送去。

如果寶寶按指令做事情的能力增強，可以繼續增加難度：到爸爸身邊來，把蘋果給奶奶送去，説：「奶奶請吃蘋果！」

分辨前後，培養空間方位感

兩歲半左右，是寶寶空間方向進步最快的階段，他會使用許多新的空間詞匯，精準度也比以前高，如：後面、上面、樓下、外面、那裏。只要在日常生活中抓住訓練的時機，給寶寶探索的機會，就能讓他形成一定的空間意識。

前後都是誰

1. 爸爸媽媽（或者其他親友）和寶寶一起玩遊戲。媽媽站在最前面，寶寶站在中間，爸爸站在最後面。
2. 媽媽問：「寶寶，你的前面是誰？」引導寶寶回答「是媽媽」。爸爸再問寶寶：「你的後面是誰？」引導寶寶回答「是爸爸」。
3. 爸爸和媽媽換一下位置，再問寶寶，看寶寶能否正確回答。

寶寶哭鬧該怎麼辦？怎麼搞定愛哭寶寶

《爸爸去哪兒》等親子節目曾經很流行，大家在津津樂道地點評各位爸爸表現的同時，也會總結出許多育兒心得，發現許多共同的育兒難題。比如，田亮的女兒有「愛哭蘿莉」之稱，曾經一度哭得現場失控，讓這位跳水王子一籌莫展。家有愛哭寶寶，怎樣才能輕鬆搞定？

首先，不管寶寶是出於甚麼原因哭泣，都要給予同情、理解和擁抱。據研究，眼淚能刺激一種特殊的激素分泌，使人產生被撫摸和擁抱的願望。心理學家建議，當寶寶哭鬧時，15 分鐘之內都不要打斷，而要慢慢地靠近他，輕輕地抱住他，讓他能夠看到你的眼睛。寶寶一旦感受到父母的愛和理解，有了安全感，才會大膽地表達和宣洩自己的情緒，這是積聚的負面情緒逐漸消除的自然過程。然後，就要根據寶寶的具體情況區別對待。

情況
1
性格所致

脆弱愛哭很大的因素來源於人的先天氣質，改變不是一朝一夕的事，家長對此要有充分的思想準備。首先要對寶寶性格中的優點（比如善良）加以充分肯定，讓他們感受家庭的溫暖，從而形成比較積極的心理傾向。其次，對寶寶不能溺愛，而是要培養他們的自主能力、增強自信心和抗挫折能力。

情況 **2** 想被關注

俗話说「愛哭的寶寶有奶吃」，感到自己被忽視、需求沒得到滿足的寶寶會用哭來提醒父母。這時，轉移注意力是最有效的辦法，比如可以有意識地拿出寶寶平時最感興趣、最喜歡的玩具。千萬不能斥責，否則會愈演愈烈。

情況 **3** 無理取鬧

有些寶寶在知道哭對父母的影響後，會試圖以此達到無理要求。這時，父母首先應和寶寶講道理，告訴他為甚麼不能滿足這個要求。然後，可採取置之不理的忽視方法，讓寶寶覺得哭不能引起大人的注意，從而減少哭的次數。

育兒專家提醒

寶寶半夜哭鬧、驚醒別急着餵奶

6個月後的寶寶不建議半夜進食。那麼，對於經常半夜哭鬧的寶寶該怎麼做呢？

首先寶寶半夜驚醒時，媽媽不要急於抱起或安撫，可以起身靜靜地觀察寶寶，看他到底有甚麼需求。因為有時大人一介入反而讓寶寶更加清醒且哭鬧得更大聲，而且會讓他養成這種習慣。其實有些寶寶哭鬧兩聲後可以再次入睡，媽媽要給寶寶這個自我調適的機會。

如果寶寶哭鬧不止，媽媽就要試着安撫，方法要得當。首先不要開燈，要繼續維持寶寶醒之前的黑暗和安靜，輕輕地拍拍背。寶寶調節體溫的能力較弱，環境溫度過熱過冷都會讓他感到焦躁或不舒服。所以，可以試着調節室內溫度，或者讓寶寶感受一下媽媽的體溫。如果以上方法都無效，可以嘗試餵奶。

網絡點擊率超高的問答

出生時體重太輕，需要補鐵嗎？

梁醫生回覆： 寶寶出生時體重如果偏低，一定要儘早給他補點鐵。有研究發現，剛出生的嬰兒體重如果在 2 ～ 2.5 千克，及時給他們適量補充鐵元素，就會顯著降低其長大後患上缺鐵性貧血的可能性。那麼，如何補充鐵元素才科學呢？建議 4 個月以上的寶寶在飲食中可添加些肝泥等富含鐵元素的食物；低體重早產兒則應於 2 個月時開始補鐵，同時補充維他命 C。

新生兒需要枕頭嗎？

梁醫生回覆： 新生兒的頸部還未出現生理彎曲，是不需要用枕頭的，但因新生兒胃呈水平位，賁門括約肌發育尚未完善，吃奶後馬上平臥很容易發生溢奶、嘔吐，甚至誤吸嘔吐物。為防止新生兒吐奶，可把他的上半身——頭部、頸部、背部一起略墊高約 30 度，相當於寶寶小拳頭的高度即可。需要注意的是，應當把寶寶的肩部、背部和頭部都墊起來，而不僅僅是將頭部墊高，以免生硬地彎曲寶寶的頸部，導致寶寶呼吸道氣流不暢，影響脊柱發育。

寶寶吃太少怎麼辦？

梁醫生回覆： 每個寶寶的性格和食慾是不一樣的，有的一上來就大口吞咽，一口氣喝掉一大瓶；有的就溫吞吞慢條斯理，吃吃停停。所以不需要過分糾結寶寶吃多少奶。只要寶寶的體重增長速度正常就不用擔心。一般來說，6 個月以前，寶寶每個月的體重增加不低於 600 克；6 ～ 12 個月，不低於 300 克。如果寶寶的體重增長低於這個值，最好帶他去醫院檢查一下。

寶寶吃完奶，嘴裏為甚麼會吐泡泡？

梁醫生回覆：嬰兒吐奶是經常發生的。用奶瓶餵時，應該讓奶汁完全充滿奶頭，以免寶寶吸入過多空氣；餵完奶後，最好讓寶寶趴在大人肩上，用手輕拍寶寶背部，可使吸進去的空氣排出來。餵完奶後，抱起和放下寶寶時動作要輕、幅度要小，搖晃太厲害就容易導致寶寶漾奶或吐奶。

寶寶頭髮愈剃愈好嗎？

梁醫生回覆：一般不主張給嬰幼兒剃光頭，如果寶寶的頭髮長長了，可進行適當的修剪。由於嬰幼兒頭皮很薄很嬌嫩，皮下血管豐富，抵抗力差，頭髮細而柔軟，也不容易剃下來。如果剃光頭則很容易損傷寶寶頭皮，此時細菌可乘虛而入，引起頭皮感染而影響嬰幼兒健康。但對於患濕疹或毛囊炎的寶寶，頭髮剪短有助於護理和治療。

寶寶剛 3 個月，為甚麼最近拉的大便總是發綠？

梁醫生回覆：正常情況下，純母乳餵養的寶寶大便呈黃色或金黃色，均勻如軟膏樣，沒有臭味，每天大便 2～4 次。大便呈綠色一般發生在 0～1 歲的嬰兒身上，如果寶寶喝的是奶粉，出現綠便就很正常了。這是因為奶粉中含有鐵元素，鐵如果沒有完全被吸收，大便就會發綠。脂肪在消化過程中需要膽汁酸和各種酶，有可能多餘的膽汁從大便中排出，也會使大便呈綠色。但如果寶寶的大便在呈綠色的同時，還伴有奶瓣或泡沫，就是消化不良或腸道菌群紊亂的表現。

母乳餵養的寶寶還用餵水嗎？

梁醫生回覆：一般情況下，母乳餵養的寶寶，如果母乳充足，在 6 個月內不必添加任何食物，包括水。母乳含有寶寶從出生到 6 月齡所需要的蛋白質、脂肪、乳糖、維他命、水分、鐵、磷等營養物質。母乳的主要成分是水，這些水分能夠滿足寶寶新陳代謝的全部需要，不用額外補水。但如果寶寶出現發熱、腹瀉、嘔吐而有脫水的表現，則該酌情補水。

寶寶臉上脫皮，有甚麼好的解決辦法？

梁醫生回覆： 寶寶脫皮有可能是濕疹或家中過於乾燥。如果是濕疹，可能是穿得太多引起的，適當減一點衣服會有所改善。另外，寶寶長濕疹，儘量不要洗澡太勤，洗澡後要用潤膚油或潤膚霜。同時還應注意寶寶的飲食，看看寶寶是否為過敏體質。

如果是乾燥引起脫皮、起皮，家中要注意加濕，洗臉用溫水，洗後塗抹護膚霜。

生氣時給寶寶餵奶，會對寶寶產生不良影響嗎？

梁醫生回覆： 最好不要在生氣時餵奶，因為母乳餵養的寶寶容易受媽媽情緒的影響。媽媽如果心情不愉快，可以直接影響下丘腦或腎上腺素分泌過多，致使奶量減少或成分改變。

寶寶長小牙了，如何避免咬媽媽乳頭？

梁醫生回覆： 當寶寶咬乳頭時，媽媽馬上用手按住寶寶的下頜，寶寶就會鬆開乳頭。如果寶寶正在出牙，頻繁咬媽媽的乳頭，餵奶前可以給寶寶一個空的橡皮奶頭，讓寶寶吸吮磨磨牙床。10分鐘後再給寶寶餵奶，就會減少咬媽媽乳頭了。

寶寶患了皰疹性咽峽炎，甚麼都不能吃，怎麼辦？

梁醫生回覆： 患皰疹性咽峽炎的寶寶常常在口腔黏膜、舌和咽部出現小水皰，水皰很快破潰糜爛形成潰瘍，此時寶寶往往因為口腔黏膜疼痛而影響進食。

在寶寶剛開始發病時，要保持口腔衛生，多飲水、吃清淡的飲食，如藕粉、稀粥、果汁等，少量多次。一般 3～5 天症狀會逐漸減輕，1 周即可自癒。如果口腔黏膜局部感染潰爛較嚴重，應在醫生指導下進行藥物治療。

PART 2

寶寶的體檢與疫苗注射

健康是一種責任，
預防大於治療

寶寶體檢

✱ 新生兒做體檢，記住 3 個數字

　　按照護理原則，寶寶出生後的 5 分鐘、1 周、滿月需要做不同項目的體檢。所以，為了方便記憶，父母就得記住 1、7、28 這三個數字了。

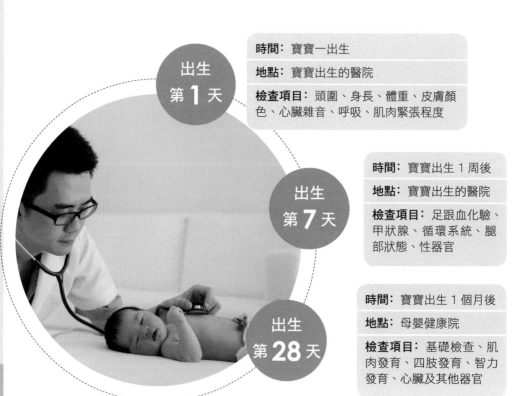

出生第 1 天

時間： 寶寶一出生

地點： 寶寶出生的醫院

檢查項目： 頭圍、身長、體重、皮膚顏色、心臟雜音、呼吸、肌肉緊張程度

出生第 7 天

時間： 寶寶出生 1 周後

地點： 寶寶出生的醫院

檢查項目： 足跟血化驗、甲狀腺、循環系統、腿部狀態、性器官

出生第 28 天

時間： 寶寶出生 1 個月後

地點： 母嬰健康院

檢查項目： 基礎檢查、肌肉發育、四肢發育、智力發育、心臟及其他器官

✿ 0 ～ 3 歲寶寶需要做的體檢項目

　　有些媽媽認為給寶寶體檢就是量量身高、體重，自己在家也可以經常給寶寶測量，所以只記得給寶寶打預防針，卻不大重視定期帶寶寶做健康檢查。其實寶寶年齡不同，健康檢查項目也不完全一樣，應包括以下內容：

新生兒期（0 ～ 28 天）

　　了解寶寶出生時的情況、預防接種乙肝疫苗和卡介苗的情況、新生兒疾病篩查情況等。

　　觀察家居環境，觀察寶寶的餵養、睡眠、大小便、黃疸、臍部情況、口腔發育等。為寶寶測量體溫，記錄出生時的體重、身長，進行體格檢查，並進行母乳餵養、護理和常見病預防等方面的指導。

　　新生兒滿 28 天後，應接種乙肝疫苗第二針，並對其進行體重、身長測量，體格檢查和發育評估。

嬰幼兒期（1 個月～ 3 歲）

　　應在寶寶 3、6、9、12、18、24、30、36 月齡時，到診所或母嬰健康院，共進行至少 8 次健康體檢。有條件的可結合預防接種時間增加體檢次數。

　　檢查內容除了詢問寶寶期間的餵養、睡眠、患病等情況，還應包括體格生長發育評價和心理行為發育評價，五官、皮膚、心肺、腹部、四肢、肛門和外生殖器等的全面體檢，並進行母乳餵養、加固、心理行為發育、意外傷害預防、口腔保健、常見疾病預防等方面的健康指導。

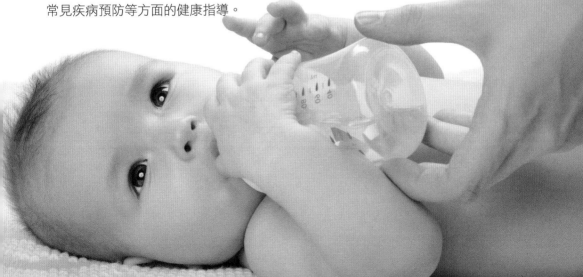

不可不查的體檢項目

1

在寶寶 6 ～ 8、18、30 個月時，分別進行 1 次血常規檢測，及早發現寶寶是否患有貧血。

2

在 6、12、24、36 個月時，使用行為測聽的方法分別進行 1 次聽力篩查。

檢查時應避開寶寶的視線，分別從不同的方向給予不同強度的聲音刺激，觀察寶寶的反應，以估測寶寶聽力是否正常。

3

為了及時發現寶寶是否患有可疑佝僂病，應在每次體檢時了解寶寶的戶外活動情況，詢問寶寶每天在戶外活動的平均時間，每日服用維他命 D 的劑量。

可疑佝僂病的症狀有夜驚、多汗、煩躁；可疑佝僂病的體徵包括顱骨軟化、方顱、枕禿、肋串珠、肋外翻、肋軟骨溝、雞胸、手鐲症、O 形腿、X 形腿等。

哪些寶寶需要增加體檢頻次

對早產兒、低出生體重兒、雙多胎或出生缺陷兒，以及中重度營養不良、單純性肥胖、中重度貧血、活動期佝僂病、先心病等高危兒，家長需要對寶寶的體檢足夠重視，應進行專案管理，並根據實際情況增加體檢次數。

健康體檢的時間「4—2—2—1」

1 歲以內至少 **4** 次：分別為在 3 ～ 4、5 ～ 6、8 ～ 9、11 ～ 12 個月；

1 ～ 2 歲至少 **2** 次：分別在 1.5 歲和 2 歲；

2 ～ 3 歲至少 **2** 次：分別在 2.5 歲和 3 歲；

3 歲以上每年至少 **1** 次，時間在每年的 3 ～ 8 月份。

✱ 在家可做的檢查

測體重

方法： 在測量前，寶寶應先排盡大小便，然後脫去鞋襪、帽子和衣褲，僅穿短衫褲。小嬰兒應臥於秤盤中，較大的寶寶可站在秤台中央測重，測量時要注意保暖。

正常： 出生時體重平均為 3 千克，1 歲為 10 千克左右，2 歲至青春期前每年約長 2 千克。

異常： 超過正常體重的 10% 為偏重，超過 20% 為肥胖，低於 15% 為營養不良。

量身高

方法： 家中常用軟尺測量。3 歲以下採用臥位測量。將寶寶脫去鞋襪，面部向上，兩耳在同一水平線上。家長位於寶寶右側，左手握住兩膝，由另一人從頭頂量至足底。

正常： 嬰兒出生時平均身長為 50 厘米，1 歲為 75 厘米左右，2 歲為 90 厘米左右，3 歲為 100 厘米左右，3 歲以後至青春期前每年增長 6 ～ 8 厘米。

異常： 如果身高明顯低於正常，可能是營養不良造成的發育障礙或患了矮小症。

測前囟

方法： 測前囟斜徑（囟門兩側對邊中點連線）。

正常： 前囟門斜徑初生時為 2 ～ 2.5 厘米，至 12 ～ 18 個月時閉合。後囟門在 2～4 個月時閉合。

異常： 若囟門過大或過晚閉合可能有腦積水或佝僂病；囟門過小或過早閉合可能患有小頭畸形。

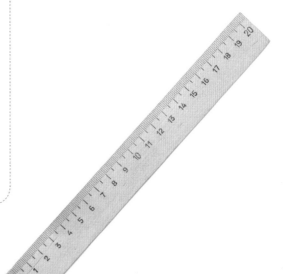

測頭圍

方法：家長立於寶寶的前方，用左手拇指將軟尺零點固定於寶寶頭部右側齊眉弓上緣處，軟尺從頭部右側經過後腦勺枕骨最高處，繞頭一圈。量時軟尺要緊貼頭皮，左右對稱，有長髮的應先將頭髮在軟尺經過處上下分開。

正常：出生時頭圍 34 厘米，6 個月為 42 厘米，1 歲為 46 厘米，2 歲為 48 厘米。

異常：過小可能有腦發育不全，過大可能有腦積水。

測聽力

方法：3 個月內的寶寶，家長可在其旁側，突然搖鈴看是否有反應；3～4 個月後，媽媽在寶寶後面呼叫看其反應；寶寶 7～8 個月時，媽媽放些好聽的音樂看其表情。

正常：3 個月內寶寶對突然發出的響聲可出現眨眼、手足伸屈或哭叫；3～4 個月後，對媽媽的呼聲會用眼睛尋找聲源；7～8 個月後，聽到好聽的音樂會有喜悅表情或手舞足蹈。

異常：若寶寶對聲響無任何反應，需立即到醫院檢查。

⭐ 寶寶進行定期體檢的重要性

你的寶寶定期體檢了嗎？也許很多媽媽都忽略了這個很重要的環節，只是在寶寶身體不適的時候才帶他們去醫院看病，其實，寶寶和大人一樣，都需要定期進行身體檢查，才能及早發現身體的各種變化。

不能忽視的定期體檢

定期體檢可早期發現寶寶體格發育偏離、智力發育落後、精神發育障礙、聽力障礙、視力障礙，鋅缺乏症、先天性心臟病、缺鐵性貧血、佝僂病等多種疾病。及時發現寶寶在生長發育過程中存在的問題，採取合理有效的干預措施，保證寶寶的健康成長。

階段不同檢查重點也各有不同

建議不同年齡段的寶寶要進行不同方面的身體檢查和心理測試評估，全面考察寶寶的身心發育狀況。

1～3 歲兒童

在一般檢查、心理測試、智力測試、血液檢查的基礎上，膳食營養計算，眼檢查和耳鼻喉檢查。

兒童醫院體檢指導： 這個時期的寶寶除了容易出現微量元素缺乏的問題外，此時寶寶已經可以和父母交流，又是一個對外界接觸和學習的時期，眼部和耳鼻喉的基本檢查可以預防一些問題造成的溝通、交流、學習障礙。而且此時發現問題進行治療，也可以防止對於眼耳鼻喉功能造成更大的傷害。

0～1 歲兒童

一般檢查（身長、體重、營養狀況評價、身體檢查），血液檢查（血常規、骨鹼性磷酸酶），心理測試（氣質測試），智力測試（DDST）。

兒童醫院體檢指導： 身長、體重、營養狀況評價，身體檢查以及一些心智上的檢查，是各個年齡階段寶寶必備的。這個時期的寶寶特別容易出現一些佝僂病之類的疾病，所以血常規、骨鹼性磷酸酶這幾項應該做一下，以求早發現問題早處理。

3～6 歲兒童

在 1～3 歲寶寶的檢查基礎上增加了口腔的保健檢查。

兒童醫院體檢指導： 此時寶寶容易患齲齒，許多家長都認為寶寶將來要換牙，所以關係不大，但其實這可能造成寶寶將來牙列不齊影響美觀，還可以引起其他疾病，如腸胃病、營養不良等，所以從此時開始，定期進行口腔保健檢查很重要。

建議最佳體檢時間是寶寶滿月至 42 天的時候，之後在 3 個月、6 個月、9 個月、1 歲也應按時檢查。

科學打疫苗

✱ 免費疫苗、自費疫苗指的是甚麼

疫苗的接種其實是將細菌或病毒經過適當處理後以無危害的形式引入寶寶體內。疫苗分免費疫苗和自費疫苗。

免費疫苗

是納入兒童免疫接種計劃，屬免費疫苗，包括乙型肝炎疫苗、卡介苗、「白喉、破傷風、無細胞型百日咳及滅活小兒麻痺混合疫苗」、肺炎球菌疫苗、「麻疹、流行性腮腺炎及德國麻疹混合疫苗」及水痘疫苗 6 種針對適齡兒童的疫苗。

自費疫苗

是指自費並且自願接種的其他疫苗。除政府規定必須接種的疫苗外，其他需要接種的疫苗都屬免疫規劃外疫苗，這些疫苗都是本着自費、自願的原則，家長可以有選擇性地給寶寶接種。應該及時進行預防接種，免疫規劃外疫苗可根據寶寶實際情況和家庭經濟狀況選擇，在醫生的指導下接種，從而保護寶寶免受傳染病之害。

延伸閱讀

自費疫苗能不打就不打？

自費疫苗是對免費疫苗的重要補充，其針對的疾病發病率較高，危害也較大。所以在條件允許的情況下，可根據寶寶實際情況選擇接種。

✿ 打疫苗前做哪些準備

觀察寶寶身體狀態

寶寶要在身體狀態良好的情況下接種，下列情況暫時不宜接種：

1

出現感冒、發熱、淋巴結腫大、腹瀉、劇烈嘔吐等，待寶寶好了，症狀消失了，一周後按照接種日再給寶寶補種。

2

如果寶寶在前一次接種疫苗出現了高熱、驚厥、頭痛等情況，後面的疫苗也是不能接種的。比如說同樣的疫苗，前面接種了百白破，回到家以後出現了高熱、抽搐、嚴重過敏的情況，以後就不能接種同種疫苗了。

幫寶寶做好準備工作

正常情況下，寶寶每次預防接種前，家長需要幫寶寶做好準備工作：

1　提前洗澡，保持接種部位皮膚清潔，換上寬鬆柔軟的內衣。

2　營養均衡，休息充分。

3　帶上疫苗接種記錄，向醫生說明健康狀況，如不宜接種疫苗，要和醫生商量補種時間。

體檢實錄　接種疫苗流程首先要進行預檢查體，在預檢查體的時候，寶寶在家裏尤其是近一個星期之內有甚麼情況，一定要告訴預檢醫生，醫生才能根據情況確定能打還是緩種。如果查體合格，沒有發熱或其他疾病才可接種。還有，家長在登記簽字時要了解接種的是甚麼疫苗。

✿ 寶寶打疫苗的時間表

免費疫苗接種時間表

免費疫苗是寶寶出生後必須接種的。

計劃免疫包括兩個程序：一個是全程足量的基礎免疫，即在 1 周齡內完成的初次接種；二是以後的加強免疫，即根據疫苗的免疫持久性及人群的免疫水平和疾病流行情況適時地進行復種。這樣才能鞏固免疫效果，達到預防疾病的目的。

香港兒童免費疫苗接種的時間順序見下表：

年歲	應接種之各種疫苗	針（劑）數
初生	卡介苗 乙型肝炎疫苗	第一次
一個月	乙型肝炎疫苗	第二次
兩個月	白喉、破傷風、無細胞型百日咳及滅活小兒麻痺混合疫苗 肺炎球菌疫苗	第一次 第一次
四個月	白喉、破傷風、無細胞型百日咳及滅活小兒麻痺混合疫苗 肺炎球菌疫苗	第二次 第二次
六個月	白喉、破傷風、無細胞型百日咳及滅活小兒麻痺混合疫苗 肺炎球菌疫苗 乙型肝炎疫苗	第三次 第三次 第三次
一歲	麻疹、流行性腮腺炎及德國麻疹混合疫苗 肺炎球菌疫苗 水痘疫苗	第一次 加強劑 第一次
一歲半	白喉、破傷風、無細胞型百日咳及滅活小兒麻痺混合疫苗	加強劑
小一	麻疹、流行性腮腺炎、德國麻疹及水痘混合疫苗 白喉、破傷風、無細胞型百日咳及滅活小兒麻痺混合疫苗	第二次 加強劑
小六	白喉、破傷風、無細胞型百日咳（減量）及滅活小兒麻痺混合疫苗	加強劑

自費疫苗接種時間表

　　如果選擇注射自費疫苗，應在不影響免費疫苗情況下進行選擇性注射。要注意接種過活疫苗（麻疹疫苗）要間隔 4 周才能接種死疫苗（百白破、乙肝等）。

　　以香港為例，家有 0 ～ 1 歲寶寶的父母可選擇性地自費、自願接種此類疫苗，以下為自費疫苗的接種時間和順序：

香港兒童自費疫苗接種的時間順序見下表：

年歲	自費接種之各種疫苗	針（劑）數
2 個月	乙型流感嗜血桿菌 口服輪狀病毒疫苗	第一針 第一劑
4 個月	乙型流感嗜血桿菌 口服輪狀病毒疫苗	第二針 第二劑
6 個月	乙型流感嗜血桿菌 口服輪狀病毒疫苗	第三針 第三劑
9 個月	腦膜炎雙球菌 日本腦炎	第一針 第一針
1 歲	腦膜炎雙球菌 日本腦炎 甲型肝炎疫苗	第一針 （第二針於 12-24 個月後接種） 第一針（第二針於 12-24 個月後接種）

註：表中疫苗全部為自費疫苗，必須在醫生指導下進行接種。

✿ 接種疫苗後會出現哪些不良反應

常見的接種反應包括局部症狀和全身症狀。局部症狀主要有接種部位紅腫、疼痛等。全身症狀主要有發熱、皮疹、嘔吐、易哭鬧等。輕度反應一般不需要特別處理，一般 1 ～ 2 天內可自行恢復。如果反應較重，應及時帶寶寶去醫院就診。

出現紅腫熱痛或發熱

接種完疫苗後，局部反應可能就會出現紅腫熱痛，一般兩三天就會消退。全身反應是發熱、煩躁、睡覺不踏實、食慾不好等，有的還可能出現腹瀉、嘔吐。

家長要注意偶合反應，就是接種疫苗時，寶寶正處於疾病的潛伏期，接種疫苗後正好發病，這純屬巧合，與接種疫苗沒有關係。那麼，出現這些反應應該怎麼處理呢？

發熱的處理： 如果寶寶的體溫不超過 38.5℃，家長可以多給他餵一點水、多休息就可以了。如果超過 38.5℃ 且寶寶自覺不適，可以適當服用退燒藥，一般 1 ～ 2 天就可以消退。如果反應比較重，服藥也不退，就要去醫院就診。

硬結的處理： 出現硬結可採用熱敷的方法加快消散，每天 3 ～ 5 次，每次 15 ～ 20 分鐘。

各種疫苗接種後可能的不良反應

疫苗名稱	可能發生的不良反應
卡介苗	接種 10 ～ 14 天，呈現小紅結節，4 ～ 6 周變成膿包或潰爛，2 ～ 3 個月會癒合，這是正常反應，不必驚慌。但發現寶寶腋下淋巴結腫大且直徑超過 1 厘米，應到醫院檢查
乙肝疫苗	通常無任何不適，極少數偶有輕微發熱、食慾減退的暫時現象
白喉、破傷風、無細胞型百日咳及滅活小兒麻痺混合疫苗	局部可能會紅腫、硬結，接種後 2 ～ 3 天可能會發熱、疲倦、胃口不佳
麻疹、腮腺炎、德國麻疹混合疫苗	注射後應多喝開水，少出入公共場所，避免感冒，如果在注射後 1 ～ 2 天仍有發熱，應立刻就醫診治

打疫苗後一般多久出現症狀

接種疫苗前，寶寶上一次接種疫苗出現了哪些反應（如發熱、脫皮疹等）要及時告訴醫生。

寶寶接種完疫苗要觀察 30 分鐘，這是因為急性過敏的情況一般發生在 30 分鐘之內。寶寶如果在路上或家裏出現過敏，很難得到及時搶救，有可能出現危險。

因此，請家長們一定要注意這一點，如果你急着上班，沒有充分的等待時間，最好換一天再給寶寶接種疫苗。

接種疫苗後要給寶寶穿好衣服，避免着涼。多餵水，讓寶寶注意休息，避免劇烈的活動。接種疫苗後 3 天再開始吃海鮮等易致敏的食物。接種疫苗後當天不要洗澡。

體檢實錄 一般寶寶打完疫苗以後，第二天都會有一點不太舒服，這都是正常反應。比如說打完麻疹、流行性腮腺炎及德國麻疹混合疫苗，第二天有一點發熱，只要不是高熱就是正常的。所以一般來說，醫生都會告訴你寶寶打完疫苗可能出現哪些反應。

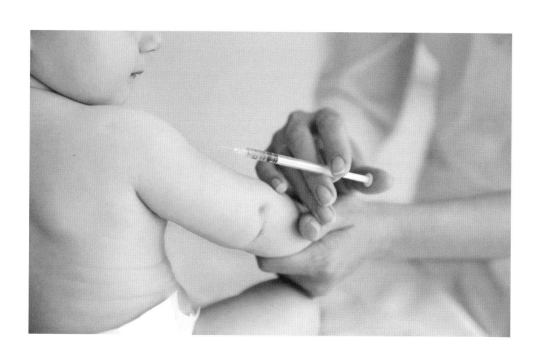

★ 過敏寶寶接種疫苗應注意甚麼

需要特別提醒的是，過敏體質的寶寶在接種疫苗時要注意接種禁忌。

1

如果寶寶從小就有濕疹或是其他過敏症狀，家長要特別留意寶寶是否也對雞蛋白過敏，嚴重過敏者需注意接種疫苗是否過敏。

2

過敏寶寶接種疫苗時，家長要和醫生細緻溝通，如果濕疹發作嚴重，或是其他過敏症狀處於發作期，建議推遲或待病癒後再接種。

體檢實錄

　　在預防疫苗接種前，需先簽署一份《接種疫苗同意書》，上面有詳細的病種及疫苗介紹，還有該疫苗的作用、主要成分、接種對象、不良反應及接種禁忌。需注意的是，家長在填寫知情同意書前一定要仔細閱讀同意書，明確寶寶不在接種禁忌範圍。也可主動和醫生溝通，向醫生詳細說明自己寶寶的情況（包括既往和近期的情況），這樣才能避免異常反應及其他意外，更好地達到免疫效果。

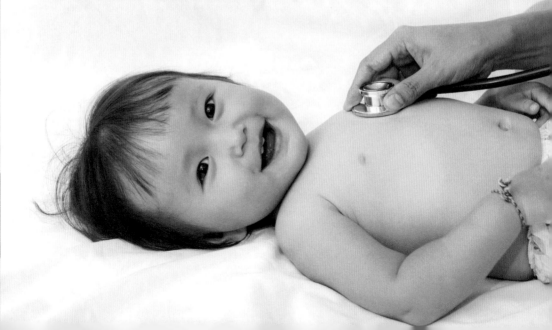

流感疫苗接種講究多

　　流感的高危人群最需要接種流感疫苗，主要包括 3 ～ 6 歲的學齡前兒童和 50 歲以上的中老年人。同時，地域不同，接種疫苗的時間也不相同，家長應根據實際情況為寶寶接種疫苗。而流感病毒每年都會發生變異，因此流感疫苗每年都需重新接種。

流感疫苗需每年都接種

　　其實每年的流感疫苗都有區別，因為每年流感病毒流行的類型都不同，還時常發生變異。

　　世界衛生組織（WHO）通過開展全球性監測，監控流感病毒的變異，並根據監測結果，每年 2 月和 9 月分別針對北半球和南半球下一個流感季節的季節性流感疫苗候選株進行預測性推薦。所以疫苗一般只能應對當年流行的流感病毒。

多大的寶寶可接種流感疫苗

　　一般來說，6 個月以上的寶寶就可接種流感疫苗了。

接種流感疫苗的原則

　　接種劑次：從未接種過流感疫苗的 6 月齡至 8 歲兒童，首次接種需 2 劑一次（間隔 ≥4 周）；以前接種過流感疫苗的兒童，則建議接種 1 劑。8 歲以上兒童和成人僅需接種 1 劑。

　　接種時機：通常接種流感疫苗 2 ～ 4 周後，可產生具有保護水平的抗體，6 ～ 8 個月後抗體滴度開始衰減。每年流感活動高峰出現和持續時間不同，接種疫苗最佳時間為每年的 10 月份至第二年的 2 月份。

　　接種部位：三價滅活流感疫苗應在肌肉或深度皮下注射。成人和大齡兒童首選上臂三角肌接種疫苗，嬰幼兒和小齡兒童的接種部位以大腿前外側為最佳。因為血小板減少症或其他出血性疾病患者在肌肉注射時可能發生出血危險，應採用皮下注射。

✳ 乙肝疫苗 3 次種不上不必再糾結

乙型肝炎疫苗全程接種共 3 針，按照「0，1，6 方案」，即接種第一針疫苗後，間隔 1 個月及 6 個月分別注射第二及第三針疫苗。凡按規定程序注射 3 針乙肝疫苗的人，95% 能產生保護作用，可以產生抵抗乙肝病毒的抗體。但有少數人注射 3 針後仍不產生抗體，需要重新接種。

打過疫苗並非全部生效

想知道接種的乙肝疫苗是否生效，可通過抽血化驗確定。如果乙肝表面抗體為陰性，説明接種後沒有產生抗體或曾產生抗體但已消失，這種兒童可按「0，1，6 方案」重新接種一次。1 個月後去查抗體，如果仍然沒有產生抗體，可以第三次接種，但注射劑量要翻倍。

如產生了抗體，但水平低，説明保護效力弱，可再打一針乙肝疫苗，即加強針。

如抗體為陽性且抗體滴度較高，説明原來的乙肝疫苗還有很好的保護效力，不需要再接種乙肝疫苗。

不是每個寶寶都需要抽血化驗抗體

大部分人接種乙肝疫苗後都會得到保護，保護效果一般至少可持續 12 年，因此並不是每個寶寶都需要抽血化驗抗體。

如果寶寶的家人或密切接觸者存在乙肝病毒攜帶的情況，尤其是母親是乙肝表面抗原陽性者，寶寶接種乙肝疫苗後最好抽血化驗乙肝表面抗體。

體檢實錄 化驗的時間可在最後一針疫苗接種後一個月時，比如新生兒是出生後 0、1、6 月接種三針，那麼就可在 7 月齡的時候化驗是否出現了乙肝表面抗體，如為陰性，應加強免疫或再接種；如為陽性，説明疫苗接種有效。

✱ 入學前，查查針卡

針卡是寶寶預防接種的全程記錄，在送寶寶入園前，要先查查寶寶的接種情況。

寶寶到入園的年齡了，當你在給寶寶尋找合適的幼兒園的同時，別忘了還有一件事要做，那就是找出寶寶的針卡，好好地檢查一遍。

免疫是否完成

在幼兒園接收寶寶時，幼兒園需要驗看針卡（上面記錄着寶寶每次接種疫苗的種類、時間及地點等），如果寶寶沒有完成規定的計劃免疫，原則上必須是先補上未接種的疫苗，然後寶寶才能入學。

因此，為了減少不必要的麻煩，在計劃將寶寶送入幼兒園時，應該好好地查閱這本預防接種證。如果發現寶寶疫苗接種有遺漏，一定要在入學前補上。其中寶寶 1 歲以後的疫苗加強接種是最容易遺忘的，一定要仔細核對，及時補種。

計劃外疫苗接種了哪些

查一查寶寶接種了哪幾種計劃外的自費疫苗。這些自費疫苗也需要按順序接種數次，完成全程接種後才能起到良好的保護作用。同時，由於只有在完成全程接種的一個月以上，人體才能產生足夠的抗體，因此，自費疫苗的接種最好按推薦程序或至少在寶寶進入幼兒園的一個月前就完成。

如果寶寶進入幼兒園時這些疫苗還沒有完成全部接種，或者還需要加強接種，務必記住接種的時間。因為這些疫苗的接種仍然需要爸爸媽媽帶着寶寶到診所接種。

育兒專家提醒

一定要保管好寶寶的針卡

預防接種證會一直伴隨着寶寶一路成長。寶寶進入幼兒園，升入小學、中學，甚至以後因各種原因申請出國時，都需要出示這本預防接種證。它的重要性實際上不亞於寶寶的出世紙，一定要好好保管。

梁醫生
直播室

自費疫苗到底打不打

不少家長帶寶寶打疫苗時都會有這樣的疑問：

「我總擔心疫苗的安全性和不良反應，害怕寶寶打了疫苗反而出現甚麼問題。老實說，每次去打疫苗我都提心吊膽。」

「你說，這自費疫苗是必須要打的嗎？看着寶寶每次哭得撕心裂肺的，我都心疼死了，可是聽說不打的話，到時候連幼兒園都上不了。」

自費疫苗預防的雖不是危害巨大、流行風險高的疾病，但也有其重要意義，父母可根據自身經濟情況及寶寶的體質選擇接種。

 打防疫針並非愈多愈好

同時接種多種疫苗會產生協同作用或者是干擾作用。搭配恰當，可以起到加強免疫的效果；如果不恰當，或會出現干擾現象，會大大減低免疫效果。因此是否需要接種自費疫苗，應視具體情況而定。

育兒專家提醒

打疫苗後沒產生抗體怎麼辦

疫苗在接種後必須要經過一定的時間才能產生抗體，寶寶接種疫苗後，只有體內產生足夠的抗體，才能達到預防疾病的目的。但是需要注意的是，並不是 100% 的接種者都可以產生抗體，也有極少數人（1% ～ 5%）即使接種了疫苗也不產生抗體。因此，有條件的家庭最好在寶寶接種疫苗後進行抗體測定。

如果經過檢查機體產生了足夠的保護抗體，就說明人工自動免疫是成功的。雖然已產生了足夠的抗體，抗體水平也會隨着時間推移而逐漸下降，要定期進行抗體測定，以確定是否有必要進行加強接種。若沒有產生抗體，就需要再次按程序進行接種；如果產生的抗體較少，就需要加強接種。

根據自身情況選擇疫苗

**流感
疫苗**

冬春兩季是
流感高峰期，建議 7
個月以上、體弱多病的
寶寶，以及照顧寶寶的
家人均接種流感疫
苗。

**五合一
疫苗**

接種後即可同時預
防五種疾病。將單苗所需
接種的 12 針次減少到 4 針次，
既避免寶寶接種針次過於頻繁，
又可減少接種疫苗發生不良反應
的可能性。在家庭經濟許可的
情況下，選擇五合一疫苗
更方便、更安全。

網絡點擊率超高的問答

專題

針卡有甚麼作用？

梁醫生回覆：針卡是兒童免疫接種的記錄憑證，每個兒童都應當按照政府規定接受預防接種及記錄。托幼機構、學校辦入學手續時或會查驗預防接種證，未按規定接種的兒童應當及時安排補種。要妥善保管針卡，並按規定的免疫程序、時間帶孩子到指定的接種點接受疫苗接種。

寶寶注射疫苗後甚麼情況下需要就醫？

梁醫生回覆：發熱、注射部位紅腫、哭鬧、煩躁、不愛吃奶等症狀是常見的正常反應，家長不必過於擔心。但是，如果出現局部血管神經性水腫、高熱不退、暈厥、過敏性皮疹、過敏性紫癜、過敏性休克等異常反應，必須及時就診。另外，如果寶寶出現皮疹、嘔吐、腹瀉等典型過敏症狀，要及時就醫，並且不能再接種該類疫苗。

疫苗是分「死」和「活」兩種嗎？兩者有甚麼區別？

梁醫生回覆：減毒活疫苗俗稱活疫苗，是將細菌或病毒中的有害成分殺死，但保留其抗原成分，接種後使人體獲得自然免疫力的疫苗。常用活疫苗包括卡介苗等。

減活疫苗俗稱死疫苗，是將被殺死的細菌或病毒輸入人體，促使人體產生抗體，抵禦病毒入侵的疫苗。常用死疫苗包括甲肝疫苗、狂犬病疫苗、流感疫苗等。

活疫苗接種後產生的抗體水平比較高，免疫時間長，免疫力比較穩固，一般基礎免疫只打 1 針。但安全性比死疫苗略差，因為細菌或病毒未被完全殺死，有免疫缺陷者不能接種。接種活疫苗後，寶寶會經歷一次輕型的低病反應過程，比如打了麻疹疫苗，可能會出現發熱、皮疹等麻疹症狀。

死疫苗的安全性更高，但抗體水平的產生不如活疫苗好。死疫苗一般接種 1 次後產生的免疫力不高，需連續接種 2 ～ 3 次，才能讓抗體在體內維持時間比較長。

打疫苗要「忌口」嗎？

梁醫生回覆： 接種疫苗使人體產生抗體，是人體的正常功能，這不同於患病，自然也就不需要忌口。抗體本身就是蛋白質，均衡的飲食可以保證蛋白質攝入充足，有利於抗體的產生。如果打完疫苗就忌這忌那，會不利於抗體的產生。

不過，在接種疫苗的一周內，一些刺激性強的飲食或易致敏的食物不宜食用，它們會增加預防接種後的不良反應。

寶寶打疫苗後發熱怎麼辦？

梁醫生回覆： 寶寶接種一些疫苗之後，比如「白喉、破傷風、無細胞型百日咳及滅活小兒麻痺混合疫苗」等疫苗，都會有一些反應，發熱是常見反應，這種發熱多是低熱（37.5 ～ 38℃）。而低熱不用吃藥，多喝水就可以了。

一般預防接種後的發熱72小時之內自覺退去。如果超過72小時還在發熱，可能就不能用單純的預防接種反應來解釋了，必須馬上就醫。

當然，如果預防接種後的發熱是中度發熱，體溫超過38.5℃，可以適當給予單純的退燒藥，其他抗感冒的藥則不必服用。

嬰兒黃疸能打疫苗嗎？

梁醫生回覆： 新生兒黃疸很多都是生理性的，可以逐漸消退。比如打乙肝疫苗，當需要打第二針的時候，有些嬰兒黃疸還沒有完全消退，只要總膽紅素不超過15毫克／分升（即256.6微摩／升），就可以打疫苗，這是國際慣例。當然，如果寶寶的黃疸是屬病理性的，例如有先天性膽道或肝臟問題，就不能打疫苗了。

寶寶怕打針怎麼辦？

梁醫生回覆： 陪寶寶打預防針看似小事，在寶寶心裏卻是大事，此時父母眼中微不足道的細節，都會在寶寶眼裏被無限放大。下面就從接種室內外常見的問題出發，幫父母找出更溫暖的處理方式。

1.陪寶寶去沒有干擾的地方等待

因為母嬰健康院實施預防接種的時間比較集中，導致每次接種人數都會很多。很多家長就擠在健康院內陪着寶寶等待。我們並不建議家長帶着寶寶在那裏等，一是寶寶尚小，人多且空氣不流通的地方感染病菌的機會就多。

更重要的是，寶寶的情緒很容易受外界影響，而剛剛接種出來的寶寶大多是哇哇大哭着的，無疑會影響寶寶的情緒，徒增寶寶的精神壓力。

溫暖處理： 如果時間允許，最好兩個人帶寶寶去接種，一個人排隊，一個人帶着寶寶在外面玩，快排到的時候手機通知一下再立即進來接種，把外界的影響降到最低。

2.用溫柔的方式把寶寶從睡眠中喚醒

眾所周知，寶寶在睡眠中是不能打針的，這樣容易嚇着寶寶。但是小寶寶往往會在媽媽的懷抱中進入夢鄉，所以很多家長因為還有其他事情要做會着急地把寶寶從睡夢中喚醒。要知道，不當的方式會引起寶寶的負面情緒，這對於接種也是不利的。

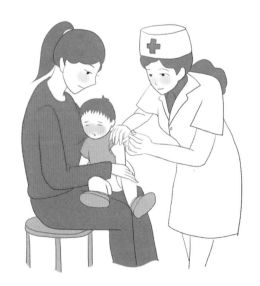

溫暖處理： 溫柔地將寶寶從睡夢中喚醒。方式有很多，比如撓寶寶的手心腳心，把寶寶從左胳膊倒到右胳膊，父母輪流抱一抱寶寶，來回交換之間寶寶就醒了。當然，每個媽媽都有自己特有的方法，但必須保證讓寶寶醒了且情緒依然良好，不要把接種與不良情緒之間建立起不必要的連接。

PART 3

寶寶生病
好父母是寶寶的
「第一醫生」

醫生的提醒

★ 要馬上帶寶寶去看醫生嗎

如何判斷寶寶是否生病、生病是否嚴重

1

吃喝是否正常，精神狀態好不好，睡眠狀況，便尿情況。

2

哇哇大哭的寶寶往往不嚴重，而不哭不鬧、看起來很「乖」的寶寶可能更嚴重，因為他已經沒力氣哭鬧了。精神狀態的好壞是衡量寶寶病情是否嚴重的一個重要標準。

初診、覆診都很重要

初診一般不易判斷病情，因為醫生不了解具體的情況，比如手足口病，初診幾乎無法判斷，並不是醫術高低的區別。

1

不要一直給寶寶換醫生，一次沒看好，就認為這醫生不行，馬上換其他醫生看，如此下去，每次給寶寶看的醫生都是初診，診斷準確率都是不高的。

2

覆診非常必要，因為有了初診的經驗，同一個醫生可以及時調整治療方案，並且第二次看同一個醫生，醫生連續看，有利於對疾病觀察分析，準確判斷。

★ 帶寶寶看病的 4 個提醒

不要過於迷信大醫院

1▶

多數情況下，寶寶的病往往是傷風、感冒、腹瀉等常見病，一般醫院都能診治，所以就近治療更為重要。另外，帶寶寶看病時應採取一些適當的防護措施，如給寶寶戴口罩，儘量遠離呼吸道傳染病患者，避免與消化道傳染病患者直接接觸。回家後，家長與寶寶都要徹底洗手，給寶寶服藥前家長也要洗手。

不要因着急而亂投醫

2▶

醫生開過藥後，寶寶病情的好轉有個過程，像病毒性感冒、腹瀉等病，只要經過適當處理，一般 1 周左右就能自然痊癒。但有些家長寶寶一病就着急、慌亂，只要寶寶不退燒，就帶着寶寶跑幾家診所，每到一處，醫生都要從頭了解病情，重新檢查，無形中耽誤了許多時間。有病的寶寶需要按時服藥，好好休息，過多的奔波有害無益。

病情述說是醫生診治疾病的重要資料

3▶

恰當地敘述病情能使寶寶得到及時有效的治療，並減少覆診。醫生需要了解的情況一般有：發病時間、主要症狀、病情變化過程、是否用藥，覆診還要說明用藥的效果；醫生還要了解寶寶過去曾患過哪些疾病、打過甚麼預防針、對哪些藥物過敏等。所以，家長去醫院前應把這些都想到，帶全病歷和檢查資料，並主動向醫生介紹。

對於寶寶身體上的不適，多留一個心眼

4▶

如果寶寶總説腿疼、肚子疼、尿頻等，而四處投醫卻查不出寶寶得了甚麼病時，不妨帶寶寶到兒科專科求醫，寶寶也許是生長障礙。這是由於寶寶在生長發育過程中，神經心理發育不成熟所致，尤其是植物神經功能失調最明顯。

★ 關於帶寶寶看病的 7 條建議

1
簡潔準確地
描述病情

簡介準確地描述寶寶的病情，對醫生的診斷非常重要，尤其需要注意以下幾點：

現病史和既往病史有沒有關係
寶寶吃喝拉撒睡的情況
現病史的變化，注意不要用籠統的詞
在家裏給寶寶吃了甚麼藥，效果如何

2
仔細聽醫囑

有的家長因為擔心寶寶的病情，只注意寶寶，醫生講過的話轉頭就忘。在給寶寶看病時，一定要注意仔細聽醫囑，尤其需要注意這兩點：用藥劑量要記清；用藥時間不馬虎。

3
再次看醫生帶着上次的病歷和藥

這一點很重要，病歷上會記錄之前醫生的診斷，醫生可以通過這些情況判斷之前的藥是否有效，並根據寶寶的情況再做診斷。

4
家長要冷靜

寶寶生病，家長很着急，愈是這種時候愈要冷靜，以免忙中出錯，家庭成員之間也不要相互埋怨。

5
關注寶寶的狀況

家長要注意觀察寶寶的飲食起居習慣和精神狀態是否發生了改變，並詢問寶寶是否難受。

6
清淡飲食

寶寶生病後應注意清淡飲食，以免增加腸胃負擔。

7
癒後評估

寶寶病好了以後要注意癒後評估，尤其需要注意這兩點：要及時與醫生和有經驗的父母交流；不要太依賴網上的信息。

感冒、發熱

✹ 預防寶寶感冒

避免到人多的地方去

大型超市、遊樂場等地人口密集、空氣差，呼吸道病菌容易經空氣傳播，腸道病菌容易經口傳播。

勤開窗、注意家中空氣流通

保持室內通風對預防寶寶感冒尤其重要。可以選擇在空氣條件好的日子裏每隔 2 小時就開一會兒窗戶，讓室內空氣流通。

接觸寶寶前勤洗手

家人在親近寶寶前，最好自己先洗洗手、洗洗臉，避免把外面的病菌傳播給寶寶。

家中被子、衣物勤換洗

寶寶的被子、衣物都很貼身，要經常換洗，洗完後最好在日光下曬乾，不要陰乾。

家裏有生病的人，注意和寶寶分開

家人生病時儘量不要接觸寶寶，實在要接觸，最好戴上口罩。

育兒專家提醒

寶寶生病慎用抗生素

寶寶生病時，如果能不用藥儘量少用藥，能不用抗生素儘量不要用抗生素，能不輸液儘量不要輸液。使用抗生素要遵醫囑，這對減少抗生素耐藥性，增強寶寶體質是很重要的。

天氣好，多曬曬太陽

天氣好的時候要帶寶寶多曬曬太陽，不僅能促進鈣的吸收，還能強身健體。曬太陽的時候要循序漸進，從每次 10 分鐘逐漸到每次 1 小時。最好選擇早上 9～10 點或下午 4～5 點。

注意根據氣候變化增減衣物

如天氣沒有突變則不能輕易增減衣服。通常 3 個月內的寶寶需要比大人多穿一件衣服，等寶寶自主活動愈來愈多時，可以比大人少穿一件，因為寶寶新陳代謝更旺盛。

✿ 高燒，要用退燒藥有效退燒

　　如果寶寶精神狀態好，嬉戲如常，可採用補充水分、降低環境溫度、減少衣物、溫水擦浴等較為簡易實用的物理降溫方法。當體溫達到 38.5℃以上或寶寶自覺不適，才給予藥物治療。

普通發熱建議只用 1 種藥

　　大多數情況下，使用 1 種退燒藥就能緩解病情，同時多種藥混用會增大不良反應的風險。退燒藥的起效時間因人而異，一般 0.5 ～ 2 小時內見效。家長如果發現寶寶服對乙醯氨基酚（Acetaminophen、Paracetamol）後哭鬧減輕（可能是頭痛症狀減輕），服布洛芬（Ibuprofen）後開始出汗，證明藥開始起效了，不要急着加藥或換藥。

高燒不退時正確交替使用退燒藥

　　如果正確用藥仍然持續高燒不退時，可以考慮 2 種退燒藥交替使用。例如，對乙醯氨基酚用了 2 小時後沒有退熱，但其最小用藥間隔是 4 小時，4 小時後，可將另一種退燒藥布洛芬與其交替服用。

　　服兩種藥的最小間隔時間是 4 小時。兩種退燒藥交替使用時，每天每種藥最多服用 4 次。

如何讓藥物降溫效果好

　　為甚麼退燒藥剛開始服用一兩次還管用，後來就不管用了？其實這不是藥不管用，而是剛開始發熱的頭兩天，寶寶體內還有足夠的水分供散熱、蒸發，所以吃了退燒藥後溫度能降下來。

　　但發熱幾天後，寶寶因為食慾減退，吃得比平常少，如果再不注意補充水分，體內的水分減少，無法將熱量帶出體外，退燒效果自然不好。可見，退燒效果好不好，和水分補充得是否充足很有關係，水分補充得愈充足，熱量蒸發的機會就愈多，退燒效果愈好。

　　所以，在寶寶發熱的時候，想盡一切辦法給他補充水分，多讓他喝溫水，而且最好是少量多次地喝。如果寶寶不願意喝白開水，可以讓他喝一些有味道的果汁，這時候少吃幾口飯都不要緊，但水分必須足夠。

✿ 甚麼情況下採取溫水擦浴

最新研究發現，寶寶無論是在體溫上升、高熱持續，還是退燒階段，溫水擦浴並不是必須的。

只有當寶寶不能吃退燒藥時，或者發熱讓寶寶極度不適，或者寶寶嘔吐，建議配合退燒藥使用溫水擦浴。

溫水擦浴的方法

水溫與體溫差不多

如果寶寶體溫在 38℃左右，用 38℃左右的溫水進行擦拭。擦浴過程保持周圍儘量沒有對流風，在一個相對比較密封的環境裏進行，室溫最好在 24℃左右。

保持水溫相對恆定

在這個過程中儘量保持水溫的恆定。比如一開始是 38℃，過一會兒水溫降低了，寶寶就會不舒服，因此需要不停地添加熱水，使水溫維持在 38℃左右，但要防止燙傷。

時間要短

時間一般控制在 10 分鐘以內。

重點擦拭部位

將毛巾浸入水中，家長可以在寶寶頸部、腋窩、肘部、腹股溝等全身大血管處用毛巾擦，使皮膚微紅，加速散熱。這種方法對寶寶來説是無創的。

延伸閱讀

溫水浴應對發熱的不同觀點

香港特別行政區衛生署：溫水浴並不能幫助寶寶退燒，但若寶寶有以下情況，很多人都會給寶寶泡溫水浴來讓他舒服一點：(1) 不能服用口服藥物；(2) 服藥後嘔吐；(3) 表現煩躁或非常不適。

美國兒科學會《兒童發熱與退燒藥的使用》：把體溫降到正常是不是就改善了孩子的舒適度，我們並不清楚，外部降溫方式，比如溫水擦浴，可以降低體溫但提高不了舒適度。

英國 NICE（國家衛生與臨床優化研究所）的《兒童發熱：5 歲以下的評估和初步治療》指南：溫水擦浴不推薦用於治療發熱。

★ 感冒、發熱飲食指導

✅ 總體飲食宜清淡

添加的輔食應易於消化，以流質食物或半流質食物為主，根據寶寶月齡選擇酸奶、牛奶、藕粉、小米粥、米湯等。可以採用少食多餐的方式餵寶寶。每餐之間餵一些西瓜汁、綠豆湯等。

✅ 吃母乳的寶寶堅持母乳餵養

發熱時，母乳寶寶要繼續母乳餵養，並且增加餵養的次數和延長每次吃奶的時間。喝奶粉的寶寶可以給予稀釋的配方奶、稀釋的鮮榨果汁或白開水。

❌ 過多攝入蛋白質

感冒發熱的寶寶，肉類、蛋類等蛋白質固體食物進食太多，會刺激人體產生過多的熱量，進而提升寶寶本來就已升高的體溫，加重發熱症狀。另外，發熱還導致唾液的分泌、胃腸的活動減弱，其消化酶、胃酸、膽汁的分泌也都會相應減少，從而不利於高蛋白食物的消化。正確的膳食安排原則是，發熱期間適當限制蛋白質的供給量，至少不能增加蛋、肉等的進食量，等症狀減輕了，體溫恢復正常，再適當增加魚、雞肉等高蛋白食物，以利於身體康復。

少量多次喝水，水溫不宜太熱，以免刺激咽部。

❌ 飽食

醫學專家認為，寶寶發熱時宜餓不宜飽。奧妙在於適度的饑餓狀態，可使機體產生大量對抗急性細菌感染的物質。研究發現，免疫系統對進食和饑餓的反應有所不同，禁食一天后的化驗檢查顯示，血液中一種稱為白細胞介素-4的物質水平升高了4倍，正是這種物質能促進機體產生抗體。

新鮮梨汁

媽媽可在白開水中加入一些新鮮梨汁，對緩解感冒初期病情大有好處。

★ 感冒、發熱食療方

適合年齡
6 個月
以上

適合年齡
6 個月
以上

鮮梨汁

適應症狀： 咽喉乾、癢痛、音啞、痰多、發熱伴有咳嗽。

材料 雪梨 1 個。

做法

1. 將雪梨洗淨，去皮、去核，切成小塊。
2. 將雪梨塊放入榨汁機榨成汁即可。

要點 雪梨一定要新鮮，每次飲用1～2匙。

功效 具有清熱、潤肺、止咳的作用，適用於發熱伴有咳嗽的寶寶。

西瓜汁

適應症狀： 適用於發熱、口渴的風熱感冒。

材料 西瓜肉 50 克。

做法

1. 西瓜肉去子，切小塊。
2. 西瓜塊放入榨汁機中，打成汁即可。

要點 注意果汁可稀釋一倍後再給寶寶喝。

功效 具有清熱、解暑、利尿的作用，可以促進毒素的排泄。

✿ 退燒推拿方

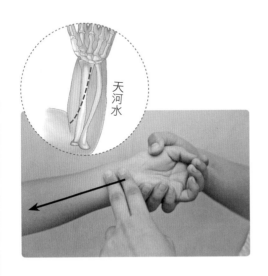

天河水

清天河水　清熱解表、瀉火除煩

精準定位：前臂正中，自腕至肘成一直線。

推拿方法：用食中二指指腹自腕向肘直推天河水 100 ～ 300 次。

取穴原理：清天河水能夠清熱解表、瀉火除煩。主治寶寶外感發熱、內熱、支氣管哮喘等病症。

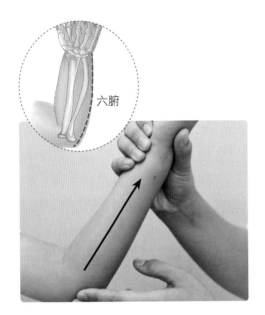

六腑

推六腑　清熱、涼血、解毒

精準定位：前臂尺側，腕橫紋至肘橫紋成一直線。

推拿方法：用拇指指端或食中二指指端，沿着寶寶的前臂尺側，從肘橫紋處推向腕橫紋處，操作 300 次。

取穴原理：推六腑有清熱、涼血、解毒的功效，對感冒引起的發熱、支氣管哮喘有調理作用。

咳嗽

✿ 5 種咳嗽須上醫院

一般說來，家長也不必一聽到寶寶咳嗽，就急忙帶他去看醫生，因為很多感冒只要在家精心照顧就能痊癒，除了以下 5 種：

情況 1　夜間乾咳

如果寶寶咳嗽不斷，且一到晚上症狀就加重，家長則要小心了，這可能是哮喘的症狀。此時，應該帶寶寶去看醫生，如果出現無法吃飯、喝水或說話困難，最好叫急救車。

情況 2　發熱伴隨咳嗽

寶寶出現高熱，同時伴有無力、嘶啞的咳嗽，身體酸痛，流鼻涕。這種症狀通常是流感，6 個月以上的寶寶在體溫超過 38.5℃時可以服用退燒藥。

情況 3　呼吸時發出異常聲音的咳嗽

如果寶寶已經感冒好幾天，咳嗽聲發生了一些變化，出現了嘶嘶的聲音，呼吸也顯得急促，且很愛發脾氣，可能是支氣管炎造成的。可以帶他去看醫生，同時要鼓勵寶寶多休息、多喝水，嚴重時，可能需要吸氧。

情況 4　發出呵呵聲的咳嗽

寶寶感冒 1 周後出現咳嗽症狀，有時，一次呼吸會咳嗽 20 多次，在吸氣的時候還會發出呵呵的聲音。這是細菌感染的症狀，可能有痰液甚至塊狀物阻塞了呼吸道，需要馬上去醫院，6 個月以下的嬰兒需要住院觀察。

情況 5　痰多影響呼吸的咳嗽

寶寶感冒 1 周後，情況沒有好轉，且咳嗽後痰變得很多，呼吸也比平時快了。這很可能是肺炎的症狀，要送寶寶去醫院照 X 光，且要服用抗生素。一般來說，肺炎是可以在家裏照料的，但是嚴重的要住院。

育兒專家提醒

輕度咳嗽無須服藥

咳嗽是一種臨床症狀，不是疾病的名稱。它是一種保護性呼吸道反射。作為家長，心裏一定要有這個概念。因此，在一般情況下，對輕度而不頻繁的咳嗽，只要將痰液或異物排出，就可以自然緩解，無須服用鎮咳藥。

✿ 咳嗽有痰無痰，處理不一樣

事實上，咳嗽的原因多樣，家長可以根據下面這些表現初步做出判斷，並決定下一步該如何治療。

乾咳

咳嗽無痰或痰量極少，可以是陣發性乾咳、單聲清嗓樣乾咳，伴咽部不適、疼痛、刺癢、乾燥感或異物感等，總覺得有東西粘在喉嚨上，咳幾下可緩解這種不適。這種咳可能是急性支氣管炎初期、急慢性咽炎、過敏性咳嗽引起的。

家長給寶寶多喝水，飲食清淡，忌辛辣刺激、過冷過熱的食物，保持口腔清潔。

消除各種致病因素，積極治療鼻咽部慢性炎症，預防急性上呼吸道感染。

如果是 3 個月內的寶寶持續咳嗽，有高熱，出現呼吸困難，要及時就診。平時可以給 6 個月以上的寶寶喝百合綠豆湯。

百合綠豆湯
綠豆 20 克，百合 15 克，冰糖適量，加水同煮，喝湯吃綠豆，每日 1 次，連用數日。

濕咳

咳嗽有痰，單咳或陣咳，痰液可以是清痰或黃綠色膿痰。原因可能是支氣管炎或肺炎恢復期、支氣管擴張、肺膿腫、鼻竇炎及遷延性細菌性支氣管炎，這種咳建議儘早就醫。

治療通常以化痰為主，不能單純止咳，慎重用藥。

合理飲水，少食多餐，使痰液稀薄容易咳出。

清淡飲食，避免生冷油膩。

還可以給 1 歲以上的寶寶多喝蘿蔔蜂蜜水。

育兒專家提醒

咳嗽多長時間，寶寶才能恢復

呼吸道黏膜表面有個非常重要的結構，叫黏液纖毛清除系統，它可將病原微生物等異物排出體外，從而發揮有效的保護作用。有研究顯示，一次感冒會導致氣道表面的纖毛損傷，至少需要 32 天才能再生至正常水平。所以，一次感冒，咳嗽可能會持續 1 個月。寶寶恢復有個過程，只要咳嗽不嚴重，不能急躁，更不要見咳嗽就用抗生素。

如何照顧咳嗽的寶寶

以清淡飲食為主

母乳餵養的寶寶出現咳嗽，媽媽應少食辛辣刺激性食物。

添加輔食的寶寶，飲食宜清淡，以蒸煮為主。若寶寶食慾不佳，可做一些味道清淡的菜粥、片湯、麵湯之類的易消化食物。既可以促進寶寶進食，又能夠補充體力，加快恢復。

咳嗽伴有呼吸急促、憋氣時，應選擇無刺激性的飲料給寶寶食用，如熟水、米湯等，避免飲用碳酸飲料，以免頻繁噯氣加重呼吸困難。

先排痰再止咳

寶寶年紀小，還不會正確咳痰，痰液容易積聚在體內。寶寶一旦患了呼吸道疾病，常常會伴有頻繁咳嗽，再加上寶寶的氣管、支氣管比較狹小，因炎症而產生的痰液較難排出。有一些家長一聽到寶寶咳嗽，就特別緊張，急着給予止咳藥，其實應該先給寶寶祛痰。 嬰兒劇烈咳嗽時，最好將其抱起，使他的上身呈 45 度角，同時用手輕拍寶寶的背部，使黏附在氣管上的分泌物易於咳出。

保持居室的空氣流通

保持居室的空氣流通，上午 9 時至 11 時，下午 2 時至 4 時，這是兩個最好的開窗換氣時間。因為氣溫已升高，逆流層現象已消失，沉積大氣層的有害氣體逐漸散去，有利於新鮮空氣的流入。

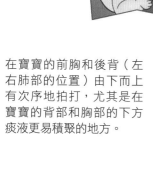

在寶寶的前胸和後背（左右肺部的位置）由下而上有次序地拍打，尤其是在寶寶的背部和胸部的下方痰液更易積聚的地方。

★ 咳嗽飲食指導

✅ 多喝水

在咳嗽期間，如果體內缺水，痰液也會變得黏稠而不易咳出，若能多飲水，則可使黏稠的分泌物得到稀釋，容易咳出。

尤其是 1 歲以下的嬰兒不會説話，家長每 2 小時左右應餵溫水。寶寶加固後，也可以喝點鮮果汁（如梨汁、西瓜汁、甘蔗汁、橘子汁），這樣既補充了生理代謝所需，又可以稀釋痰液以利排出。

✅ 含胡蘿蔔素的食物

多食含有胡蘿蔔素的食物，如南瓜、紅蘿蔔、紅薯、粟米、菠菜等，對呼吸道黏膜恢復是非常有幫助的。

✅ 含維他命 C 的蔬果

維他命 C 有利於黏膜細胞的修復，縮短感冒時間。

水果如橙、桔、柚子、奇異果、士多啤梨，蔬菜如椰菜、菜花、薺菜、芥蘭、大白菜、甜椒等，都是維他命 C 的來源。

❌ 甜食和冷飲

注意少吃甜食（巧克力、糖果等）和冷飲，因為甜食和冷飲從中醫上來説比較容易生痰。

❌ 堅硬的顆粒狀零食

忌食炒蠶豆、炒瓜子及花生之類的零食，以免突然咳嗽嗆入氣管中。

甜食和冷飲容易生痰，
而止咳第一步是祛痰。

✽ 止咳食療方

適合年齡
1 歲以上

適合年齡
1 歲以上

百合枇杷藕羹

適應症狀： 乾咳無痰。

材料 百合、枇杷、鮮藕各 30 克。

調料 澱粉適量，白糖少許。

做法

1. 百合洗淨略泡；枇杷去皮、核，洗淨；鮮藕洗淨，去皮，切薄片。

2. 三者合煮至將熟時放入適量澱粉調勻成羹，食用時加少許白糖。

功效 百合為滋補肺陰之佳品，枇杷清肺止咳，鮮藕涼血清氣。

梨絲拌蘿蔔

適應症狀： 舌尖、口唇很紅，伴有口臭、眼屎多、流黃膿鼻涕、吐黃膿痰等。

材料 白蘿蔔 50 克，梨 35 克。

調料 鹽、白糖各少許。

做法

1. 白蘿蔔洗淨，去皮，切絲，用沸水焯 2 分鐘，撈起；梨洗淨，去皮、核，切絲。

2. 白蘿蔔絲、梨絲中加少許白糖、鹽拌勻即可。

功效 白蘿蔔下氣化痰止咳，梨潤肺生津止咳。

✿ 咳嗽推拿方

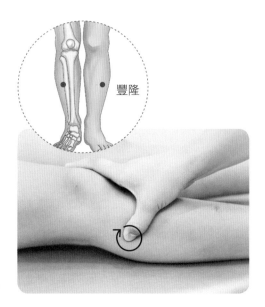

豐隆

按揉豐隆　化痰除濕

精準定位： 外踝上 8 寸，脛骨前脊外 1 寸，左右各一穴。

推拿方法： 用拇指指腹按揉寶寶豐隆穴 50 次。

取穴原理： 按揉豐隆穴有和胃消脹、化痰除濕的作用。主治寶寶咳嗽、痰多、氣喘、腹脹等。

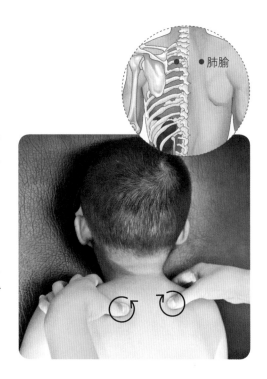

●肺腧

按揉肺腧　補肺益氣

精準定位： 第三胸椎棘突下，旁開 1.5 寸，左右各一穴。

推拿方法： 用拇指指腹按揉寶寶肺腧穴 100 次。

取穴原理： 按揉肺腧穴有補肺益氣、止咳化痰的作用。主治寶寶咳嗽、氣喘、鼻塞等。

肺炎

★ 區分細菌性肺炎與病毒性肺炎

感染性肺炎很常見，主要由各種病原菌引起，以細菌或病毒感染為主。如父母患普通感冒，寶寶就有可能患肺炎。此外，寶寶其他部位的感染，比如臍炎、口腔感染等，病菌也可以經過血液循環傳播至肺部而引起肺炎。

細菌性肺炎

主要致病菌為肺炎鏈球菌、流感嗜血桿菌、金黃色葡萄球菌等。對於 6 個月至 2 歲的嬰幼兒來說，由於母傳抗體逐漸消失，容易受到肺炎鏈球菌的侵入，所以肺炎鏈球菌肺炎的發病率較高。

病毒性肺炎

主要致病微生物為流行性感冒病毒、副流感病毒、呼吸道合胞病毒、巨細胞病毒、腺病毒、冠狀病毒及腸道病毒等。病毒感染在小兒肺炎中最多見，通常情況下，病毒性肺炎偏愛 6 個月以內的嬰兒。

在患兒相對安靜狀態下數每分鐘呼吸的次數，如果發現以下情況，則說明呼吸頻率增快，提示肺炎的可能。

6 個月以下	呼吸次數 ≥ 60 次／分
6 ～ 12 個月	呼吸次數 ≥ 52 次／分
1 ～ 2 歲	呼吸次數 ≥ 42 次／分

育兒專家提醒

肺炎用藥須謹慎

得了肺炎不一定要用抗生素，細菌性肺炎要使用抗生素；對病毒性肺炎，要止咳平喘，同時用一些抗病毒的藥，如合併細菌感染，需加用抗生素。

✱ 保持肺炎寶寶呼吸道通暢

1 ▶ 及時清除寶寶鼻腔內的分泌物，鼓勵其多飲水，防止痰液黏稠不易咳出；有痰液妨礙寶寶呼吸時，要讓寶寶咳出痰液，不會咳的要吸出痰液，以保持呼吸道的通暢。

2 ▶ 可以每隔 2～3 小時輕輕地為寶寶翻一次身，仰臥、左右側臥交替，並輕輕拍打寶寶背部，以利於排痰及炎症的吸收。對喘憋嚴重的寶寶，宜取斜坡臥位，把頭和上半身抬高，這樣可減輕呼吸困難。小嬰兒可抱起，扣拍背部，增加肺通氣，改善呼吸不暢。

3 ▶ 居室每天要有 2 小時左右的通風時間，以保證空氣新鮮。冬季保持 20～24℃的室溫，保持 50%～60% 的濕度，可防止呼吸道分泌物變乾、不易咳出，也可減少寶寶上呼吸道感染概率。

4 ▶ 注意穿衣蓋被均不宜太厚，過熱會使患兒煩躁而誘發氣喘，加重呼吸困難。注意根據天氣變化及時為寶寶添減衣物，添減的標準以寶寶後頸和背心處皮膚溫暖而不潮濕為度。

對於痰多的患兒，輕拍寶寶背部，促使排痰。對臥床不起的患兒，應經常變動其體位，這樣既可防止肺部瘀血，也可使痰液容易排出，有助於患兒康復。

★ 肺炎飲食指導

餵食時應細心、耐心，
防止嗆咳引起窒息。

嬰兒米粉

餵奶的患兒，可在奶中加嬰兒米粉，使奶變稠，可減少嗆奶。每吃一會兒奶，應將奶嘴拔出，休息一會兒再餵，或用小勺慢慢餵入。

✅ 少食多餐，防止嗆咳

肺炎患兒常有高熱、胃口較差、不願進食，應給予營養豐富的清淡、易消化的流食（如人乳、牛乳、米湯、蛋花湯、菜湯、果汁等）、半流質食物（如稀飯、麵條等）飲食，少食多餐。

✅ 飲食不宜過飽

肺炎患兒因發熱而影響胃腸消化吸收能力，飲食過飽會導致食積化火，要多飲溫水或稀米粥，病初可飲金銀花茶、菊花茶、薄荷蘇葉茶以清熱透表。

✅ 多吃潤肺化痰的食物

多吃滋陰潤肺的食物，如番茄、蓮藕、葡萄、絲瓜等；一些潤肺化痰的食物對寶寶很有益，如銀耳蓮子粥、百合薏米湯、西芹炒百合、杏仁露等。

❌ 油膩厚味

不宜吃蛋黃、蟹黃、魚子、動物內臟等高脂食物。同時還在餵奶的媽媽應清淡飲食，少吃油膩。

❌ 生冷食物吃太多

若過多食用西瓜、雪糕、香蕉、生梨等生冷食物，易發生刺激性咳嗽，使病情加重。

★ 肺炎食療方

適合年齡
6 個月
以上

適合年齡
1 歲
以上

五汁飲

適應症狀： 胃熱煩渴或肺燥乾咳。

材料 梨汁 30 克，馬蹄汁、藕汁各 20 克，麥冬汁 10 克，鮮蘆根汁 25 克。

做法
將 5 種汁放入鍋內，加適量水，燒開後改小火煮 15 分鐘即可。

服法 代茶頻飲。

功效 生津止渴，潤肺止咳，清熱解暑。

杏仁蒸梨

適應症狀： 急性肺炎，咳嗽、咳痰，伴有頭痛、肌肉酸痛、乏力等。

材料 梨 1 個，杏仁 10 克。

調料 冰糖少許。

做法
1. 將梨去皮、去核，放碗中裝好。
2. 梨中加杏仁及冰糖，隔水蒸 20 分鐘即可。

功效 清熱潤肺。

★ 肺炎推拿方

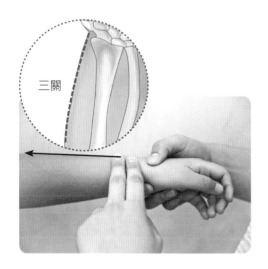

三關

推三關　補虛散寒

精準定位：前臂橈側，從肘部（曲池穴）至手腕根部成一條直線。

推拿方法：用拇指或食中二指自孩子腕部推向肘部 100 ～ 300 次。

取穴原理：推三關有補虛散寒的功效，主要用於氣血虛弱、感冒、肺炎等一切虛寒證。

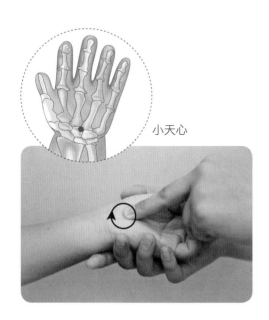

小天心

揉小天心　清火瀉熱

精準定位：手掌大小魚際交接處的凹陷處。

推拿方法：用中指指端揉小天心 100 ～ 300 次。

取穴原理：揉小天心有清火的功能，對於痰熱犯肺引起的小兒肺炎有很好的緩解作用。

哮喘

★ 喘，不等於哮喘

經常聽到很多爸爸媽媽說自己寶寶睡覺時、咳嗽後好像有喘的現象。那麼怎麼判斷寶寶是否患上了哮喘呢？

哮喘是一種反覆發作的，以氣喘、呼吸困難、胸悶為主要表現的下呼吸道疾病，屬小氣道疾病。

喘只是一種病理表現，是由於氣道發生痙攣或氣道內分泌物滯留造成氣道狹窄，氣體進出狹窄氣道時產生的一種高調聲音。喘是哮喘特有的表現，但出現喘的現象並不意味寶寶一定患上了哮喘。

如何判斷寶寶是否為哮喘

近年來兒童哮喘患病率在全球範圍內有逐年增加的趨勢，在中國大中城市，兒童哮喘患病率在 3%～5%，首次發病小於 3 歲的兒童佔 50% 以上，在性別上，男童與女童的比例約為 2：1。

如何判斷寶寶是否是哮喘？具有以下特徵者可以考慮哮喘發作：

1 ▶ 患兒反覆發作喘息、氣急、胸悶或咳嗽。

2 ▶ 發作時在雙肺可聞及散在的或彌漫性的以呼氣相為主的哮鳴音，呼氣相延長。

3 ▶ 上述症狀和體徵可經治療緩解或自行緩解。

4 ▶ 其他疾病所引起的喘息、氣急、胸悶和咳嗽。

5 ▶ 臨床表現不典型者（如無明顯喘息或體徵），做支氣管激發試驗或運動激發試驗陽性者。

符合 1～4 條或 4、5 條者，可以去看哮喘專科。確診哮喘可做血液、皮膚特殊過敏原檢測及肺功能檢查。

★ 預防哮喘復發的措施

清除或減少家中的塵蟎

研究證明，寶寶的塵蟎特異性 IgE（幫助確診塵蟎過敏）陽性率主要與居室的地板和床上用品有關，特別是密封性好的鋼筋水泥結構住宅，其塵蟎特異性 IgE 陽性率明顯升高。所以家長要儘量保證室內環境的清潔與空氣的流通。

1　最好用熱水燙洗床單、毛毯等，每週一次，烘乾或在太陽下曝曬。患兒的內衣洗滌後最好用開水燙燙，以減少蟎蟲滋生。

2　床上用品最好不用毛織品，臥室內不要鋪地毯、草墊，家具力求精簡潔淨，不掛壁毯、字畫，避免使用呢絨製作的軟椅、沙發和窗簾。

3　動物皮毛、黴菌孢子等都有可能成為誘發寶寶過敏性疾病的罪魁禍首，家長一定要做好防護工作。最好不養寵物，定期打掃浴室、廚房、地下室，清除易發黴或已發黴的物品。

4　不要在寶寶面前抖面袋、拍打灰塵、拆毛衣等。

愛上游泳，鍛煉心肺功能

醫學界通過長期追蹤觀察發現，游泳很適合哮喘患兒，該項運動能大大增加肺活量，改善患者的肺部呼吸功能。不過，兒童在室內游泳池游泳易使哮喘發作，與兒童在室內游泳館接觸過多的含氯消毒劑有關，值得引起注意。

衣行上多留意

衣	行
最好不穿羽絨服，不用蠶絲棉做棉衣，因為一些哮喘患者對動物羽毛、蠶絲中的變應原過敏。不用鴨絨被、鴨絨枕頭，避免寶寶接觸香水或有刺激氣味的化妝品。	寒冷或氣溫多變時注意保暖，保護好氣管，免受風寒。不到有寵物的朋友家做客。外出時儘量避免特殊的過敏原如花粉等，並攜帶藥物以備不時之需。減少接觸各種刺激性氣體，避開油漆、殺蟲劑、汽油等。

✱ 哮喘飲食指導

✓ 清淡飲食

哮喘患兒飲食宜清淡，應多吃溫和、易消化的食物，例如麵片湯、米粥、紅蘿蔔湯、絲瓜、蘋果泥等。

✓ 富含蛋白質的食物

平時應適當吃些富含蛋白質的食物，如核桃、牛肉、豬瘦肉、雞肉等。蛋白質高的食物雖有營養，但別忽視有些蛋白質也是導致過敏的原因。易引起過敏的食物有雞蛋、乳製品、腰豆、花生等，需注意。

✓ 富含維他命 C 的食物

多吃富含維他命 C 的食物，如白蘿蔔、青菜、菠菜、白菜、橙、奇異果等，以增強抗病能力。

✗ 產氣較多的食品

不宜食用易產氣的食物，如馬鈴薯、韭菜、大蒜、紅薯等，可導致腹脹，使橫膈上抬，限制肺的通氣，還可誘發哮喘。

✗ 易致敏食物

部分哮喘患兒應忌食海鮮，如蟹、蝦、帶魚、黃魚等。芒果、菠蘿、麥麩、花生等易致敏的食物也要慎食。

✗ 過食寒涼

寶寶在生長發育階段肺臟嬌嫩，脾常不足。由於肺氣不足、衛外之陽不能充實腠理，故常為外邪所侵，脾虛則積濕蓄痰，上貯於肺。在過食寒涼之物後，就可傷及肺脾而誘發哮喘，所以對於有哮喘病史的兒童要禁食寒涼之品。

✗ 飲食過鹹過酸

從臨床來看，飲食過鹹或過酸，常能誘導哮喘的發生。生活中還應禁食桔，雖然桔皮可清熱化痰止咳，桔肉卻是生熱生痰之品，故哮喘期間應禁食桔。

哮喘患兒的飲食宜清淡，要多攝入富含維他命C、胡蘿蔔素、維他命E的食物。

✳ 哮喘食療方

適合年齡
7 個月
以上

適合年齡
1 歲以上

杏仁核桃薑汁

適應症狀： 咳嗽，氣喘，四肢冷，面色蒼白等。

材料 甜杏仁 12 克，核桃肉 30 克，薑汁適量。

做法
將所有材料混合搗爛燉服。

功效 止咳化痰平喘。

生薑紅棗粥

適應症狀： 氣喘，流清涕，痰稀而色白。

材料 薑絲 10 克，紅棗 5 枚，糯米 30 克。

做法
1. 將糯米淘洗乾淨，用清水浸泡 1 小時。
2. 砂鍋裏放適量清水，放入糯米、紅棗，大火煮開，下入薑絲，改小火煮至糯米爛熟即可。

功效 平喘溫肺。

★ 哮喘推拿方

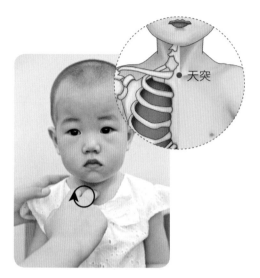

按揉天突 定喘止咳

精準定位： 胸骨上窩正中。

推拿方法： 用中指指端按揉寶寶天突穴 30～60 次。

取穴原理： 按揉天突可利咽宣肺、定喘止咳。主治寶寶咳嗽、氣喘、胸痛、咽喉腫痛、打嗝等。

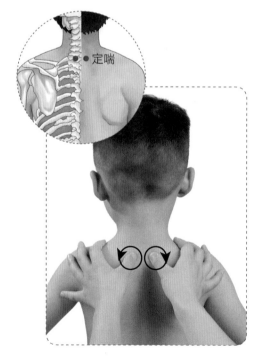

按揉定喘 止咳平喘

精準定位： 在背部，在第七頸椎棘突下，旁開 0.5 寸。

推拿方法： 用拇指指腹按揉寶寶定喘穴 200 次。

取穴原理： 定喘穴有止咳平喘、宣通肺氣的功效，對於寶寶支氣管哮喘、支氣管炎有良好的調理作用。

積食

✱ 寶寶積食有哪些表現

厭食

飯入口後久含不吞，吃一頓飯需要很長的時間。

胃口不佳，食慾不振，有的寶寶還會伴有精神不振。

腹脹、大便硬結或腹瀉

這是因為寶寶的消化功能還沒有完成發育成熟，消化功能不好，積食可能直接導致寶寶腹脹、腹瀉。

部分寶寶的大便會有腐敗的臭雞蛋味道。

摸一摸寶寶的肚子，看看寶寶是不是有特別脹氣的感覺，如果是，則寶寶有可能是積食了。

免疫力低

長期積食會導致寶寶的免疫力受影響，可能導致寶寶反復感冒、咳嗽甚至肺炎。

煩躁易哭、精神不好

寶寶吃太多，可能導致難以入睡或者睡得不安寧。還有的寶寶會表現出入睡後大汗淋漓。

嘴唇變紅

有的寶寶積食，食物積滯化熱，家長會發現寶寶的嘴唇突然變得很紅，此時就要懷疑是不是積食化熱了。這個變化很容易察覺，家長細心觀察就能發現。

舌苔厚且白、鼻翼兩側發青

寶寶積食，會出現鼻翼兩側發青、舌苔又厚又白，還可能會有口臭。

我-不-吃！

155

★ 積極預防積食

積食可不是個小問題，它會增加寶寶腸、胃、腎臟的負擔，甚至使這些臟器致病。所以，一定要注意預防。

七分飽有益健康

無論是哪種食物，再有營養也不能吃得太多，否則不但不能強健身體，還會適得其反，造成積食、腹瀉等狀況，傷害寶寶的身體。

別讓胃腸功能失調

有的寶寶積食是因為吃的東西雜而導致消化功能紊亂，尤其是冷熱食物混着吃，更容易造成胃內「打架」。吃過多油膩的食物後腹部受涼，也是導致胃腸功能失調的誘因。

運動與休息並用

如果寶寶吃得過多，應該讓寶寶靜坐片刻，如果需要上床睡覺，最好朝右側側臥，這樣更有利於腸胃蠕動，避免受壓。

運動是消食的好辦法，正常情況下，可以帶寶寶多做戶外活動，可選擇太陽好、無風或風小的時候，每天讓寶寶出去活動 0.5 ～ 1 小時。

寶寶吃飯之後，帶着寶寶出去走一走，散散步，有助於寶寶消化。

✿ 積食飲食指導

✓ 飲食清淡易消化

一旦發現寶寶積食了，飲食要清淡，不要食用太多難以消化的肉類，多吃蔬菜、水果等富含膳食纖維的食物，有助於寶寶腸胃蠕動，緩解積食。

可以吃些半流質食物，如米粥、麵片等易消化吸收且營養豐富。還要多吃些促進消化的食物，如山楂雞內金粥、陳皮粥等。

✗ 喝冷飲

喜歡冷食冷飲的寶寶，大多食慾不振、消化不良，時間長了極易傷及脾胃，出現消瘦、發育遲緩。

✗ 晚上加固食物太油膩

寶寶晚上吃得太晚、太膩、太飽，對腸胃都不利。因為晚上寶寶運動少，腸胃蠕動減慢，吃多了會增加腸胃負擔，不利於消化吸收。所以，寶寶晚餐最好吃些清淡的食物，如粥、麵條、湯、素菜等。進餐時間最好在下午6點之前，且吃八成飽即可。

如果吃肉的話最好選擇脂肪含量低的雞胸肉、魚肉等。甜點、油炸食品儘量不要吃。

食療小驗方

糖炒山楂

取紅糖適量（如寶寶有發熱的症狀，可改用白糖或冰糖），入鍋用小火炒化（為防炒焦，可加少量水），加入去核的山楂適量，再炒5～6分鐘，聞到酸甜味即可。飯後讓寶寶吃一點，可消食，尤其適合吃太多油膩肉食引起的積食。

煮紅蘿蔔

寶寶消化不良時，可將紅蘿蔔煮爛，並適當加點紅糖讓寶寶服食，效果很好。

米湯、麵湯

要又軟又稀，才易於消化。經6～12小時後，再進食易消化的蛋白質食物。

食醋

醋也是一寶。雞蛋傷食（吃得過多）的寶寶可用一湯匙醋加入少許米湯，餵給寶寶喝。另外，吃了太多油膩的食物，寶寶覺得噁心時，可以直接喝一點醋，小口、慢咽，寶寶會覺得舒服些。

★ 積食食療方

適合年齡
9 個月
以上

適合年齡
1 歲以上

淮山薏米粥

適應症狀： 積食不消，吃飯不香，體重減輕，面黃肌瘦。

材料 淮山 50 克，白米 40 克，薏米 20 克。

做法

1. 淮山去皮，洗淨，切片；白米洗淨，用水浸泡 30 分鐘；薏米洗淨，用水浸泡 3 小時。
2. 將白米、薏米放入小鍋中，加適量水，以中火煮 20 分鐘，放淮山片，續煮 5 分鐘即可。

功效 淮山能調理脾胃、滋陰養液，煮成粥能輔助治療寶寶積食。

山楂雞內金粥

適應症狀： 吃穀、吃油和肉過多引起的積食。

材料 生山楂 2 個，雞內金 2 克，白米 30 克。

做法

1. 山楂洗淨，去核，切片；雞內金磨為粉末；白米洗淨，用水浸泡 30 分鐘。
2. 將山楂片、雞內金粉與白米一起放入鍋中，加適量水熬煮成粥，加白糖調味即可。

功效 山楂、雞內金都有健胃消食的功效，適合積食的寶寶食用。

✿ 積食推拿方

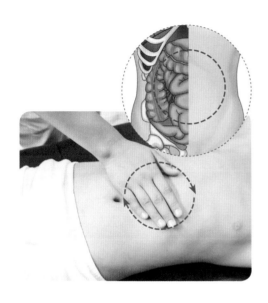

摩腹 健脾助消化

精準定位：寶寶腹部。

推拿方法：將掌心放在寶寶腹部，順時針方向摩腹 50 次，再逆時針方向摩腹 50 次。

取穴原理：摩腹有健脾益胃的功效，可以幫助寶寶消化。主治寶寶嘔吐、噁心、腹瀉、便秘等。

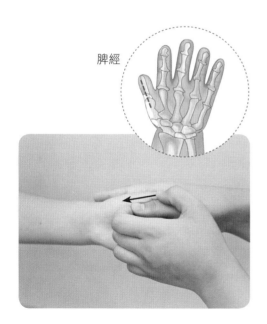

脾經

補脾經 健脾和胃

精準定位：拇指橈側緣指尖到指根成一直線。

推拿方法：用拇指指腹從寶寶拇指尖向指根方向直推脾經 50 ～ 100 次。

取穴原理：補脾經可以健脾和胃，調理寶寶食慾不振、食積不化。

便便問題

★ 寶寶便便分哪幾類

綠色大便

反映寶寶對某些食物消化不好，比如食用含鐵量較高和水解蛋白比較多的食物。

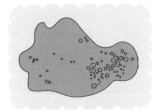

帶泡沫的黃色大便

主要是寶寶在吃奶過程中咽下過多空氣，這些空氣隨着大便一起排出。

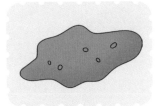

蛋花湯樣大便

基本上斷定是腹瀉，尤其是秋季易出現的輪狀病毒引起的腹瀉，應及時就醫。

黑色大便

柏油便多為上消化道出血（胃）引起。

紅色血絲便

如果因為大便較硬，排便過程中撐裂肛門，帶有一點血絲，就不用擔心。如果稀便中有血，就要及時就醫。
此外，排除寶寶因肛裂造成的出血情況後，寶寶便中帶血，很可能跟胃腸道出血有關，應馬上就醫。

水樣大便

是蛋花湯樣大便的升級版，需及時就醫。但寶寶出生頭兩天也會排出水樣大便，這是由於寶寶剛開始進食，腸道蠕動動力不夠就迅速排出大便，但很快就會有實質性的東西排出，這屬正常現象，媽媽不必擔心。

⭐ 腹瀉時如何預防脫水

中華醫學會關於兒童腹瀉
診斷治療原則的專家共識

寶寶腹瀉要儘早口服補液

對於寶寶腹瀉，專家強調儘早口服補液、繼續餵養、脫水徵狀的識別、補鋅治療，提倡母乳餵養，推薦用新 ORS 配方。

寶寶腹瀉了，要給予充足的液體補充，以免出現脫水。寶寶不吐時，想辦法讓寶寶多喝水。媽媽可以採取以下兩種方法：

第一種 米湯 500 毫升 ＋ 鹽 1 克 ➡ 4 小時內喝完

第二種 清水 500 毫升 ＋ 鹽 2 克 ➡ 隨時服用

口服補液鹽補水

如果寶寶出現輕微腹瀉並伴有嘔吐，可以去買口服補鹽液（一般藥店都有）加入到寶寶的飲食中。

口服補鹽液估計攝入量（根據體重計算）

體重（千克）	日最低液體需求量（毫升）	中度腹瀉電解質溶液需求量（毫升 /24 小時）
2.7 ～ 3.15	300	480
4.95	450	690
9.9	750	1200
11.7	840	1320
14.85	960	1530
18.0	1140	1830

註： 本數據為普通兒童所需的最小劑量，大多數寶寶需要攝入更多。

★ 腹瀉、便秘食療方

適合年齡
8個月
以上

適合年齡
6個月
以上

紅蘿蔔小米粥

適應症狀：食慾降低、嘔吐、口唇乾、腹瀉，且大便呈水樣、黏糊狀。

材料 小米 25 克，紅蘿蔔 30 克。

做法

1. 小米淘淨，熬成小米粥，取上層米少的米湯，涼涼；紅蘿蔔去皮洗淨，切塊，蒸熟。
2. 將紅蘿蔔搗成泥，與小米湯混合，攪拌均勻即可。

功效 紅蘿蔔中所含的揮發油能起到促進消化和殺菌的作用，可減輕腹瀉和小兒腸胃負擔。臨床研究表明，在給腹瀉患兒餵食紅蘿蔔泥時，再適量喝點小米湯，可大大減少腹瀉的次數。

香蕉米糊

適應症狀：大便乾硬，伴食慾不佳、腹脹。

材料 香蕉 40 克，嬰兒米粉 15 克。

做法

1. 香蕉剝去皮，用小勺刮出香蕉泥。
2. 用溫水將米粉調開，放入香蕉泥調勻即可。

功效 香蕉米糊色、香、味都很純正，而且含有一定量的膳食纖維，能幫助寶寶胃腸消化，緩解寶寶便秘。

✴ 腹瀉、便秘推拿方

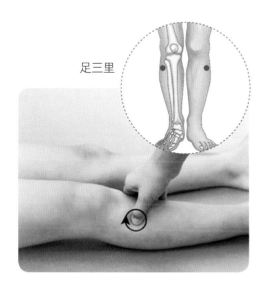

足三里

按揉足三里　健脾和胃

精準定位：外膝眼下 3 寸，脛骨前脊外一橫指處，左右各一穴。

推拿方法：用拇指指腹按揉足三里 30 ～ 50 次。

取穴原理：按揉足三里有健脾和胃、調中理氣的作用。主治寶寶腹脹、腹痛、便秘、腹瀉等問題。

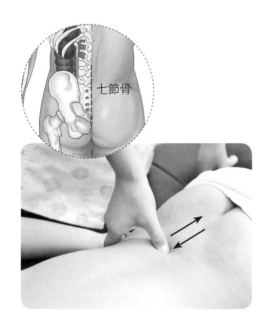

七節骨

推七節骨　溫陽止瀉，瀉熱通便

精準定位：第四腰椎至尾椎尾骨端（長強）成一直線。

推拿方法：用拇指橈側緣自下向上或自上向下直推寶寶七節骨穴 50 ～ 100 次。

取穴原理：往下推七節骨有瀉熱通便的功效；往上推七節骨能溫陽止瀉。對寶寶腹瀉有調理作用。

嬰兒濕疹

★ 濕疹是怎麼得的

　　嬰兒濕疹俗稱奶癬，是易發生在嬰兒頭面部的一種急性或亞急性皮膚炎症反應，好發於 2～3 個月寶寶的面頰、額部眉間和頭部，嚴重時可累及全身。2～3 歲也是濕疹發作的高峰期，多在四肢關節屈曲的部位。

過敏是根源

　　濕疹是一種常見的、由多因素引起的過敏性皮膚炎症。也就是說，它的根源是過敏。食物過敏在嬰幼兒中最常見，也就是寶寶吃的東西引起的過敏，比如有些寶寶對牛奶蛋白過敏，一喝普通配方奶就起疹子；有的寶寶對雞蛋過敏，剛添加蛋黃濕疹就出現了。除了食物過敏外，吸入式過敏原比如塵蟎，接觸式過敏原比如真菌、化妝品、化纖用品等，也都可能引起過敏而導致濕疹。

　　除了過敏，某些外在因素，比如唾液和乳汁的刺激，環境濕熱、乾燥等因素，都可能成為濕疹發生和加重的誘因。

「過敏三部曲」

　　濕疹，很多人覺得就是寶寶身上長點疹子，大了就好了。其實過敏有三部曲，如果不重視小小的濕疹，很可能會給將來帶來很大的煩惱。有資料提示，患有濕疹的嬰兒將來合併過敏性鼻炎或哮喘的可能性較高。

著名的「過敏三部曲」

1 歲之內的寶寶過敏表現： 以皮膚（濕疹）和胃腸道（腸絞痛、嘔吐、便秘、腹瀉、便血等）表現為主。

1～3 歲寶寶以上呼吸道表現： 以鼻炎、結膜炎、腺樣體肥大等為主。

3 歲之後寶寶以下呼吸道表現： 以哮喘為主。

皮膚出現過敏反應比較明顯，早期就能發現，而消化系統和呼吸系統出現過敏反應早期很容易被忽視。

✿ 寶寶濕疹預防及應對

防治濕疹，父母要做好長期作戰的準備。因為在嬰兒期濕疹很容易反復，尤其是有過敏家族史的寶寶。

有效的預防措施

1

最好能找到並避開過敏原。媽媽可以每天寫日記，記錄自己和寶寶的飲食，積極尋找導致寶寶過敏的食物，避免進食。

2

寶寶的貼身衣物最好選擇鬆軟寬大的棉織品或細軟布料，避免毛料、化纖製品等直接接觸皮膚。

3

定期洗澡，幫皮膚保持清潔和濕潤，但是水溫不能過高，儘量少用化學洗浴用品，用清水洗就行。對於滲出型和乾燥型濕疹，如果表面沒有破潰，應該給寶寶用一些兒童專用保濕霜。如果濕疹表面已經破潰，就不能再用保濕霜了，以免繼發感染。

4

保持室內空氣新鮮，溫度適宜。

5

減少患兒接觸塵蟎、花粉等過敏原。

6

勤剪指甲，可自製手套，避免患兒搔抓引脫皮膚破損。

7

濕疹急性發病期禁止接種疫苗，減少出入公共場所，避免接觸單純皰疹患者。

出現濕疹了，如何應對

1 如果寶寶只是頭部出現濕疹，可以不去處理，如護理得當，通常 6 周後會自然癒合。

2 症狀很輕時，注意保持寶寶皮膚清潔、滋潤，每天可在患處塗嬰兒專用潤膚霜，有助於緩解濕疹。也可用爐甘石洗劑，用時搖勻，取適量塗於患處，每天 2~3 次，或在洗澡時使用。症狀反復或較為嚴重時，在醫生指導下進行治療，通常會給予激素類藥膏，遵醫囑使用。

3 漸退的痂皮不可強行剝脫，待其自然痊癒，或者可用棉花棒浸熟香油塗抹，待香油浸透痂皮，用棉花棒輕輕擦拭。

4 患兒皮損部位每次在外塗藥膏前先用生理鹽水清潔，不可用熱水或者鹼性肥皂液清洗，以減少局部刺激。

5 患濕疹的寶寶怕熱，濕熱會使濕疹局部充血、發紅、癢感增加。家中溫度盡可能保持在 20~24℃。紫外線對皮膚刺激很強，因此不要讓日光直射。穿衣要適度，跟大人一樣就行，千萬別捂着。

寶寶熱性驚厥不要慌，掌握這些有備無患

　　熱性驚厥，又叫熱性抽搐，是寶寶對體溫突然上升而產生的反應，典型表現為肌肉抽動，並伴隨意識喪失，是嬰幼兒時期比較常見的中樞神經系統功能異常的緊急症狀，易發生於 6 個月至 5 歲的寶寶。過了 5 歲，寶寶的腦神經發育日益成熟，熱性驚厥的發生就會減少。

小兒高熱驚厥，如何急救

　　第一步：使患兒側臥或頭偏向一側。家長宜將患兒側身俯臥，頭部稍微後仰，令下頜略向前突，或去枕平臥，並把患兒頭部偏向一側。另外，患兒驚厥發作時切忌給其餵水、餵藥，以免寶寶發生窒息。

第一步

寶寶驚厥時，不能餵水、進食，以免誤入氣管導致窒息。

第二步

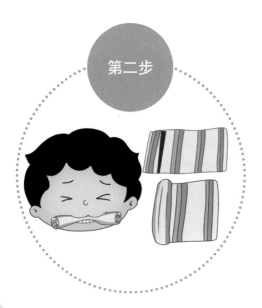

　　第二步：保持呼吸道通暢。解開患兒衣領，用軟布或手帕包裹壓舌板或筷子放在牙齒之間，防止他咬傷舌頭，並用手絹或紗布清除患兒口、鼻中的分泌物。

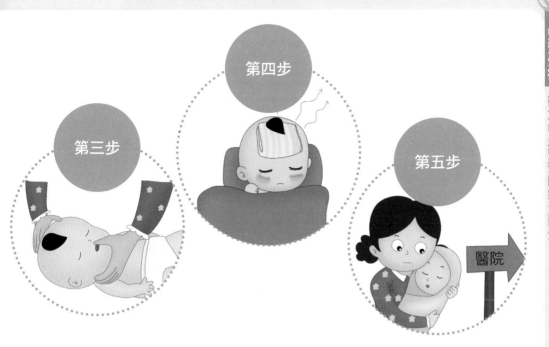

第三步　第四步　第五步

第三步：**控制驚厥**。用手指捏、按壓患兒的合谷、內關等穴位 2 ～ 3 分鐘，並保持周圍環境的安靜，儘量不搬動或少搬動患兒。

第四步：**降溫**。在患兒前額、手心、大腿根處放置冷毛巾，並常更換；用溫毛巾反復輕輕擦拭大靜脈處，如頸部、兩側腋下、肘窩、腹股溝等。

第五步：**症狀緩解後及時送醫**。一般情況下，小兒高熱驚厥 3 ～ 5 分鐘即能緩解，建議家長等寶寶恢復意識後再送往醫院，進一步查明驚厥的原因。但如果患兒持續抽搐 10 分鐘以上還不能緩解，或短時間內反復發作，就應立即到醫院求診。

如何預防高熱驚厥的復發

高熱驚厥常有復發，在初次驚厥發作以後，25% ～ 40% 的寶寶在以後的熱性病時會出現驚厥復發。在高熱驚厥寶寶中，1/3 有第二次驚厥，其中的 1/2 有第三次發作。

復發預測主要是根據起病的年齡。初次發作在 1 歲以內的患兒復發率最高，大約 1/2 病例會復發。

如果是複雜性高熱驚厥、家族中有癲癇病史者，復發機會更高。高熱驚厥發作持續時間長，是其頻繁發作的危險因素。

當寶寶體溫超過 38.5℃時，媽媽就要及時為寶寶採取降溫措施，尤其是曾發生過高熱驚厥的寶寶，38℃時就要準備吃退燒藥。

網絡點擊率超高的問答

專題

寶寶不小心吃了過量的藥，該怎麼辦？

梁醫生回覆： 如果不小心給寶寶用錯了劑量，要看是甚麼藥。如果是抗生素，如青黴素類、頭孢類藥物，一次劑量用錯，而且量不是特別多，對寶寶影響不大，可以多喝水，促進藥物排泄。

有些藥物使用過量會產生嚴重的不良影響，如鎮靜藥、抗癲癇藥、平喘藥等。一旦用藥過量，要趕緊帶寶寶去醫院，讓醫生做專業的處理。

如何給寶寶餵藥？

梁醫生回覆： 餵藥時不要採取撬嘴、捏緊鼻孔的方法強行灌藥，這樣更容易造成寶寶的恐懼感，掙扎後很容易誤吸。1歲以內的寶寶使用小滴管餵藥最適宜。寶寶吃藥時，要選擇半坐位姿態，輕輕把住寶寶四肢，固定住頭部，防止餵藥時誤吸入氣管。

糯米湯可治寶寶水樣便嗎？

梁醫生回覆： 對於腹瀉，媽媽首先看一下寶寶的大便是甚麼樣的，是水樣便還是有泡沫樣的大便。

一般來說，如果寶寶拉的大便只是稀，問題不大。如果是水樣便，可以用包粽子的糯米15克左右，炒成薑黃色，裏頭放點生薑、三四個紅棗，熬米湯讓寶寶喝，有助於治療寶寶的水樣便腹瀉。但不是所有水樣便用此方法都有用。長期腹瀉須用無乳糖的配方奶。

寶寶頻繁夜驚到底甚麼回事？

梁醫生回覆： 4歲以下的寶寶容易出現夜驚，但通常不會很頻繁發生。建議首先帶寶寶去神經科進行檢查，做一下腦部磁共振，排除神經系統方面器質性病變的可能。

如果寶寶腦部及神經系統發育正常，這種症狀可能屬陣發性抽動，並不是疾病的早期症狀，家長不用太過擔心。可以在每晚睡覺前，用熱水給寶寶泡泡腳，然後再給寶寶做半小時的全身撫觸，特別是晚上經常抽動的部位，如胳膊和腿部等，以促進血液循環。

PART
4

寶寶語言的發展
從哭笑喊叫到流利說話

寶寶表情

✤ 體態語：寶寶的特殊語言

權威解讀

《健康時報》關於寶寶的體態語言

父母對嬰兒所說的話要做出反饋

人際交往能力的訓練，應從嬰幼兒的體態語言開始，人際交往的第一步是嬰幼兒與母親的交往，交往時最早使用的語言就是體態語言。父母對嬰兒所說的話要及時做出反饋、願意等待嬰兒的反應、認真傾聽等。

嬰兒在學會說話以前，有着豐富的體態語。體態語包括面部表情和手勢的變化。寶寶的體態語有些是天生的，有些是後天學習的。在寶寶 1 歲之內，有成千上萬的信息是通過他的體態語言向父母傳遞的，父母應細心觀察寶寶的體態語言，了解其心理需要。

先天體態語

常見的有：噘嘴表示「我不愉快」；笑表示「我很高興」；哭喊表示「你沒有滿足我的要求」或「厭煩」；打哈欠表示「我睏了，想睡覺」，或者「我感到很無聊」；身體打冷顫表示「我覺得很冷」；用手推開物品，對不愛吃的食物會避開臉，表示「快拿走，我不想要」；手伸向某物品，或用手指指點某件東西向父母表示要求或示意「我想要這個」；伸手向人表示「我需要一個擁抱」等等。

後天肢體語言

點頭，表示「要」或「好」，而接受喜愛的物品時在父母教導下也會以「點頭」表示謝謝；搖頭，表示「我不要」或者「這樣不好」；揮揮手，表示「再見」；豎起大拇指，表示「真棒」；拍拍手，表示「真高興」或「好棒」；用食指輕觸嘴唇，表示「請安靜」；用手指出他希望去的地方和方向，或用小手拍拍頭，表示要求大人給他戴帽子帶他出去等等。

6個月

這時段會張開雙臂，身體撲向親人要求摟抱。若陌生人想要抱他，則轉頭將臉避開，表示不願與陌生人交往。

7～8個月

這時段會以拍手和笑臉表示高興，在父母教導下會用點頭表示謝謝，對不愛吃的食物避開，並以搖頭表示拒絕。

9～10個月

這時段會用小手指向想去的方向或地方，或用小手拍拍頭，表示要戴帽子出去。

11～12個月

這時段除了以面部表情和動作來表示體語外，還會伴以各種聲音，比如嘟嘟聲（表示汽車），嘎嘎聲（表示小鴨），以及用簡單的單詞音來表達自己的意願。

讀懂寶寶豐富的體態語

牽嘴淺笑

寶寶出生後就能發出自發性的微笑，這是一種本能的情緒活動，也是身體舒適的反應。2個月後，寶寶喜歡母親的愛撫、父親的逗樂，得到滿足後就會手舞足蹈，表現出興奮和愉快的情緒，出現「社會性的微笑」。這種反應就是一種初步的交際形式。

寶寶笑的形態是突然發出的，短暫而快速，口角牽動，笑容驟現，同時伴隨着滿眼發光，兩手晃動，接着笑容立即停止，等候大人的鼓勵。

這時，父母應該笑臉相迎，用手輕輕撫摸寶寶的面頰，或在其面頰、額部親吻一下，以示鼓勵。這時，寶寶還會以微笑對父母的行為表示滿意。嬰兒的笑對其身心發展極為有利。

癟嘴啼哭

嬰兒的哭聲是最初的心理語言。由於6個月前的嬰兒不能用語言和動作來表達自己的需要和意願，因此，啼哭是與情緒、感覺以及生理需求聯繫在一起的，作為一種表達方式用來表示他的身體狀態和各種意願，以引起父母的注意，達到滿足其各種生理和心理需求的目的。

寶寶癟起小嘴，好像受了委屈，這是啼哭的先兆，接着就是小聲到大聲的啼哭，這種表情和哭聲其實是向大人訴說他的需求。譬如，肚子餓了要吃奶，寂寞了要人逗樂，厭煩了要大人抱起來換個環境或改變一種姿勢。這時，細心的父母會觀察到寶寶不同的哭聲，揣摩出寶寶的要求，適時或及時地滿足他的需求。餵他吃奶，和他逗樂，抱他到室外觀看，或讓他俯臥，扶他坐起來、爬一爬，改變他仰臥久睡的姿勢等。

噘嘴、咧嘴

據研究，男嬰通常以噘嘴來表示小便，女嬰多以咧嘴或上唇緊合下唇來表示小便。父母若能及時觀察到嬰兒的嘴形變化和小便時的表情，就能摸清寶寶小便的規律，從而加以引導，有利於逐步培養寶寶的大小便自控能力和良好排便習慣。

懶洋洋

媽媽最怕寶寶餓着，但過量餵食顯然也不是好事。怎麼才能判斷寶寶已經吃飽了呢？其實很簡單。當寶寶把乳頭或奶瓶推開，將頭轉一邊，並且一副四肢鬆弛的模樣，多半就已經吃飽了，媽媽就不要再勉強寶寶吃東西了。

臉紅橫眉

寶寶往往先是眉筋突暴，然後臉部發紅，而且目光發呆，有明顯的「內急」反應。父母應立即讓寶寶解決「便急」。

愛理不理

表示想睡覺了。有時寶寶玩着玩着目光就變得發散，不像開始那麼有神了，對外界的反應也不再專注，還時不時地打哈欠，頭也轉到一邊不太理睬媽媽，這就表示他睏了。這時，就不要再逗寶寶玩耍了，只要給他創造一個安靜而舒適的睡眠環境就好。

伸舌吐泡泡

表示自己懂得玩：大多數寶寶在吃飽或換完乾淨尿布且沒有睡意時，會自得其樂地玩弄自己的嘴唇、舌頭或吮手指、吐氣泡。這時，他願意獨自玩耍，不想別人打擾他。

眼神無光

健康寶寶的眼睛總是明亮有神，轉動自如。若發現寶寶眼神黯然無光、呆滯少神，很可能是寶寶身體不適。這時，父母要特別留意，發現疑問及時去醫院檢查，及早採取措施。

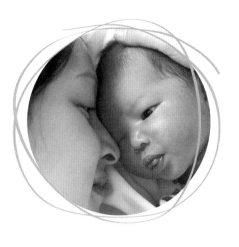

★ 解讀寶寶哭泣的意義

寶寶太小，還不會說話，哭是他表達自己的一種獨特方式，新手爸媽知道各種哭聲都代表甚麼意思嗎？

類型	含義	表現	對策
健康性啼哭	媽媽，我很健康	健康的哭聲抑揚頓挫，不刺耳，聲音響亮，節奏感強，沒有眼淚流出。不影響飲食、睡眠及玩耍，每次哭的時間較短	如果輕輕地撫摸他，或朝他微笑，或者把他的兩隻小手放在腹部輕輕搖兩下，寶寶就會停止啼哭
饑餓性啼哭	媽媽，我餓了，要吃奶	這樣的哭聲帶有乞求，聲音由小變大，很有節奏，不急不緩。當媽媽用手指觸碰寶寶面頰時，寶寶會立即轉過頭來並有吸吮動作，若把手拿開，不餵哺，寶寶會哭得更厲害	一旦餵奶，哭聲就戛然而止。寶寶吃飽後不再哭，還會露出笑容
過飽性啼哭	哎啊，肚子好撐	多發生在餵哺後，哭聲尖銳，兩腿屈曲亂蹬，溢奶或吐奶。若把寶寶腹部貼着媽媽胸部抱起來，哭聲會加劇，甚至嘔吐	過飽性啼哭不必哄，哭可加快消化，但要注意溢奶
口渴性啼哭	媽媽，我口渴，給我點水喝	表情不耐煩，嘴唇乾燥，時常伸出舌頭舔嘴唇	給寶寶餵水，啼哭即會停止
意向性啼哭	媽媽，抱抱我吧	啼哭時，寶寶頭部左右不停地扭動，左顧右盼，帶有顫音。媽媽來到寶寶跟前，哭聲就會停止，寶寶盯着媽媽，很着急的樣子，有哼哼的聲音，小嘴翹起	抱抱他，但是也不必一哭就抱起來，否則久而久之會養成依賴心理
尿濕性啼哭	尿濕了，不舒服	強度較輕，無淚，大多在睡醒或吃奶後啼哭。哭的同時兩腳亂蹬	給寶寶換上乾淨的尿布或紙尿褲，寶寶就不哭了
寒冷性啼哭	衣被太薄，我好冷啊	哭聲低沉、有節奏，哭時肢體稍動，小手發涼，嘴唇發紫	為寶寶加衣被，或把寶寶放到暖和的地方

類型	含義	表現	對策
燥熱性啼哭	蓋太多了，好熱	大聲啼哭，不安，四肢舞動，頸部多汗	為寶寶減少衣被，移至涼爽的地方
睏倦性啼哭	好睏，但睡不着	啼哭呈陣發性，一聲聲不耐煩地哭叫，這就是人們常稱的「鬧覺」	寶寶鬧覺，常因室內人太多，聲音嘈雜，空氣污濁，過熱。讓寶寶在安靜的房間躺下來，他很快就會停止啼哭，安然入睡
疼痛性啼哭	紮到我了，好痛	哭聲比較尖銳	要及時檢查寶寶的被褥、衣服中有無異物，皮膚有無被蚊蟲叮咬
害怕性啼哭	好孤獨啊，我有點害怕	哭聲突然發作，刺耳，伴有間斷性號叫	害怕性啼哭多由於恐懼黑暗、獨處、小動物、打針吃藥或突如其來的聲音等。細心體貼地照顧寶寶，消除寶寶的恐懼心理
便前啼哭	我要拉便便了	寶寶感覺腹部不適，哭聲低，兩腿亂蹬	及時為寶寶把便
傷感性啼哭	我感到不舒服	哭聲持續不斷，有眼淚，如沒有及時給寶寶洗澡、換衣服、被褥不平整時，寶寶就會傷感地哭	常給寶寶洗澡，勤換衣被，保證寶寶處於舒適的環境中
吸吮性啼哭	吃着不舒服，好着急	多發生在餵水或餵奶 3～5 分鐘後，哭聲突然、陣發，往往是因為奶、水過涼或過熱，奶嘴孔太小而吸不出奶、水，或奶嘴孔太大致使奶、水太沖而嗆着等	檢查原因，解決寶寶吃奶、餵水的障礙

語言的開發

★0～6個月語言的啟蒙練習

促進寶寶的語言發育，其實從出生就可以開始了，唯有你的用心與耐心，才能讓寶寶學得更快、更好！

新生兒「前言語方式」

新生兒一出生就聽得見聲音，特別喜歡媽媽唱歌的聲音和一些悅耳動聽的音樂。這是因為媽媽溫柔的歌聲和優美的音樂，以一種寶寶很受用的聲波傳入他的聽覺器官——耳朵，使他成功地與外界建立起聯繫。這種嬰兒在懂得語音之前，通過聲音與外界建立信號聯繫的方式，心理學上叫嬰兒的「前言語方式」。

嬰兒「聲音傳感時期」

大約在半歲，寶寶會進入「聲音傳感時期」——開始對周圍聲響產生濃厚的興趣，以致參與其中模仿聲音的一段時期。

進入這一時期的寶寶尤其喜歡聲音遊戲。因此，家長應根據寶寶這個時期的特點注意以下幾點：

1 多和寶寶用語言進行交流：例如洗澡時可跟寶寶說「這是眼睛」「鼻子在哪裏」等。給寶寶換衣服、換尿布或紙尿褲的同時，可和他說說話。

2 多和寶寶玩一些有聲音的遊戲：寶寶靠在床上，家長站在寶寶面前，拿着玩具發出響聲逗寶寶。家長隨着玩具發出聲音的快慢叫寶寶的名字。

咦，哪裏響：家長在寶寶看不見的地方晃動撥浪鼓，讓寶寶找一找聲音是從哪裏發出來的，引導寶寶轉頭找撥浪鼓，並和寶寶一起玩撥浪鼓。

★ 9～12個月語言的模仿練習

　　9～12個月是寶寶模仿學習的高峰期，這個時期，父母要教會還不會說話的寶寶一些表達自身意願的肢體語言，有助於親子之間的溝通交流，更有助於幾個月後父母教寶寶開口說話。

這個時期的寶寶能夠將語言和動作聯想在一起，寶寶學會將「再見」的聲音和動作與離開的行為如出門聯想在一起。

父母可以利用寶寶愛模仿的特性，趁機教寶寶各種配合手勢的單字，並經常練習。這個時期的寶寶喜歡玩一些將手、手臂、臉部表情、簡單文字結合起來的手勢遊戲，如「拍拍手」。

揮手說再見

模仿手勢

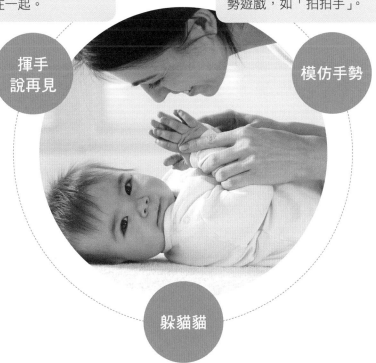

躲貓貓

這個階段的寶寶非常喜歡玩躲貓貓，父母可以和寶寶做一下這個小遊戲，也許父母會驚奇地發現寶寶可以和你互動了。用一張卡片遮住臉，或用手帕蓋住頭，同時保持跟寶寶的聲音交流，問寶寶：「媽媽在哪裏？」當你把卡片從臉上拿開，或寶寶用手把你頭上的手帕拉下來，寶寶再度看到你的臉時會非常開心。也可以蓋住寶寶的頭，媽媽裝着找寶寶，這樣會讓寶寶更加興奮。

語言學習

★ 1 ~ 1.5 歲，進入「單詞句階段」

隨着寶寶年齡的增長，語言能力逐漸發展。一歲半以上的寶寶已經可以用正規的語言代替簡單的單詞，如「餅乾」，不再說「乾乾」等。要充實和豐富寶寶的生活，擴大寶寶的眼界，引起他對周圍環境和事物的興趣，鼓勵他用語言表達意願。

父母注意說話技巧

使用寶寶的母語，例如廣東話或標準普通話發音，不要用方言或兒語。因為母語與將來寶寶入學後閱讀及語言學習銜接較為連貫。當寶寶剛開始學習說話時，照顧者對寶寶說話應清晰且標準，讓寶寶有正確的學習範本。注意，寶寶即使說不好，有表達意思的姿態即可，若刻意糾正發音，反而會抹殺好不容易培養的說話動機。只要他肯說話，發音不正確的缺陷久而久之會改善的。家長只要提供正確的說話模範即可。

聽兒歌、看卡通

寶寶非常喜歡具有節奏的韻律及跳動的畫面，建議可以帶寶寶跟着音樂或畫面一起唱唱跳跳，寶寶雖然不一定懂歌詞的含義，但他非常喜歡這種律動，無形中也可培養寶寶區分字、詞、音節的能力，對寶寶日後學習發音有很大的幫助。

適時鼓勵

當寶寶會運用新的詞匯時，別忘了馬上鼓勵他，這會讓寶寶更有動力學習更多的詞匯。

1.5 ～ 2.5 歲，進入「多詞句階段」

寶寶的語言能力大部分是環境造成的，父母應盡可能在寶寶語言快速發育階段為他們輸入更多的詞匯。對寶寶說的話愈多，愈能讓他學會如何更好地表達。讓他多聽、多看、多問、多想、多說，通過多種形式，如看圖片、看兒童電視節目、講故事、學唱歌、玩遊戲等，豐富寶寶的詞匯量。

使用概念用語

① 對於一歲半以後的寶寶，父母可以配合日常生活所發生的事情，隨時讓他理解概念用語的含義和用法。例如「上下」，可跟他說「把蘋果放在桌子上」；「中間」可說「寶寶坐在爸爸和媽媽中間」；「快慢」可說「車子跑得好快」等，一旦寶寶對這些基本概念有了初步的了解，就能更恰當地使用文字敘述。

多用寶寶熟悉的句子

② 在教唱兒歌、看故事書、剪紙花等各種活動中，鼓勵寶寶學說話，多為他提供說話機會。和他們說話要用他們熟悉、聽得懂的句子。對語言發育遲緩的寶寶，更應啟發、鼓勵他們多說話。

帶寶寶買東西

③ 帶寶寶外出購物，和寶寶一起挑選商品，即使只有少量物品，也能讓寶寶有參與感，了解商品名稱及學習更多的字，還可以借此增強寶寶的記憶與觀察能力。

鼓勵寶寶說出自己的所見所聞

④ 寶寶對於外面新鮮的事物很好奇，不妨儘量多帶寶寶出去走走。回家後，也可以和寶寶討論外出時發生的事情。寶寶都喜歡外出活動，他們會牢記外出等對於他們來說比較特別的事物，有利於寶寶學習更多的詞句。

「貴人語遲」還是發育遲緩，寶寶為甚麼說話晚

現在很多寶寶 2 歲後才講話，雖然聽得明白，但就是怎麼逗都不肯開口。對此，不少老人表示「貴人語遲」是好現象，寶寶將來一定聰明又富貴！不少年輕父母卻提心吊膽，眼見別人家寶寶說話那麼流利，自家寶寶怎麼還不捨得吭聲呢！

寶寶說話晚與聰明富貴沒關係

其實，「貴人語遲」出自論語的「貴人語遲，敏於行而不訥於言，泰山崩於前而色不變，麋鹿興於左而目不瞬」。它的原意是指很多有謀略的人不善言談卻心中有數、行動迅猛，又稱「貴人不出語」。在民間演變為小孩說話晚可能是「貴人」。

說話晚的寶寶，排除發音器官器質性病變外，很可能是因個體差異等原因所致，其智商其實與說話早的寶寶沒有多大差別，但由此推斷這樣的寶寶更聰明或更命好，這種說法毫無科學依據，只是大人的美好寄願。

大部分「說話晚」屬正常範疇

大部分寶寶說話晚屬正常範疇，寶寶語言發育晚可能與先天遺傳、周圍環境、父母語言行為等有關。如很多寶寶的父母小時候也是 2 歲後才說話；寶寶也可能受周遭環境的影響，開口發音稍遲一些。

語言環境對於兒童的語言發育非常重要，「狼孩」就是兒童語言環境被剝奪的典型例子，之後即使返回人類社會，怎麼教也無法再準確掌握語言。所以，學習語言的快慢與寶寶所處的生活環境密不可分，如果脫離了好的語言環境，可能會遲遲難以開口說話，或發音不標準。

小部分「說話晚」因疾病所致

　　小部分寶寶說話晚是因為疾病所致，應引起重視。導致兒童語言發育障礙常見的疾病有：聽力障礙、唇齶裂、舌系帶異常、腦癱、智力低下、孤獨症、腦外傷及腦炎後遺症等，包括部分遺傳代謝性疾病。若發現寶寶有語言發育明顯異常現象，應努力查找病因，及早就醫。

兒童語言障礙：語言發育遲緩和構音障礙

語言發育遲緩	構音障礙
即發展的起點遲、發展的速度慢、達到的水平低。也就是說，一般正常寶寶在 1～1.5 歲時已經有明顯的語言能力發展，而語遲的寶寶語言能力發展在時間上要晚許多。說話晚（2 歲後才開始），3 歲不能說句子，言語簡單，詞匯貧乏等都屬這個範疇。	是指由於發音器官神經肌肉的病變或構造的異常使發聲、發音、共鳴、韻律異常。表現為寶寶發聲困難，發音不准，咬字不清，聲響、音調及速率、節律等異常和鼻音過重等言語聽覺特徵的改變。

　　寶寶如有語言障礙，必須及早治療。3 歲之前是腦發育最快的時期，這個時期腦的可塑性最強，因此兒童語言障礙治療愈早愈好。

正常寶寶語言發育時間表

1～3 個月	啼哭，輕輕發聲，咿啊發聲，尖叫，發笑
3～6 個月	以不同的聲音表達不同的感受，對大人的話以發音作為回答，發出輔音與元音的組合音，模仿大人發出連續的音節
6～9 個月	模仿講話，與母親有意識地對話
9～12 個月	準確地運用「媽媽」「爸爸」兩詞，模仿新的聲音，模仿字、詞發音近似準確，主動與別人進行極簡單的語言交流
12～18 個月	發音時出現聲調變化，開始使用「這個」。當被提問「這是甚麼」時，能說出物體的名稱，以手勢表達需要，能說出 4～6 個字的詞組，模仿說短句

網絡點擊率超高的問答

專題

能用兒語和寶寶說話嗎？

梁醫生回覆：兒童語言發展有其自身的階段性，一般都是經歷單詞句（用一個詞表達多種意思）、多詞句（兩個以上的詞表達意思）、說出完整句子這幾個階段，父母應了解這一規律。

1歲寶寶「牙牙學語」期間，家人採用「幼稚」的語言，寶寶學說話會更快。這也是很多家長和老師為甚麼會用疊詞形容事物，如「花花」「蟲蟲」等，因為這樣對於語言啟蒙階段的寶寶來說更易朗朗上口。寶寶長到2歲以後，就能說簡單的句子，這時父母還是用兒語與寶寶講話，很可能會拖延他過渡到說完整話的階段。

蹣跚學步時，寶寶學說話更快？

梁醫生回覆：蹣跚學步的小寶寶喜歡被關注，所以父母要拿出時間來和寶寶說話，並且傾聽他的聲音。研究表明，這個年齡段的小寶寶，只要每天2～3次、每次15分鐘和寶寶說話、唱歌或者閱讀，就能夠提高寶寶的發音技能。

如何糾正寶寶錯誤的發音？

梁醫生回覆：由於寶寶發音器官發育不夠完善，聽覺的分辨能力和發音器官的調節能力都較弱，還不能正確掌握某些音的發音方法，不會運用發音器官的某些部位，因此很多時候還存在着發音不准的現象，如把「吃」說成「隻」，「蘋果」說成「蘋朵」，等等。對於這種情況，父母不要學寶寶的發音，而應當用正確的語言與寶寶說話，時間一長，在正確語音的指導下，寶寶的發音就會逐漸正確。

寶寶2歲多了能背唐詩嗎？

梁醫生回覆：3歲前的寶寶，動作思維是其主要特點，發展動作的協調性、靈活性，學會聽懂、理解成人的生活性語言，並表達自己的生活需求是主要任務。此階段的幼兒尚不能接受成人安排的學習內容，學習唐詩、宋詞等沒有必要。當然，也要根據每個寶寶的發育特點，順其自然就好。

3歲後的幼兒，語言表達能力有了較大的發展。此時，可以逐步讓他接觸唐詩、宋詞、三字經等教育。

PART
5

寶寶的運動發展
好體質從小就要培養

大動作訓練

✻ 挖掘寶寶的運動潛能

其實，寶寶是通過感覺與運動來認識世界，這些具體的身體動作可以轉化為腦的活動，進而促進腦部發育。如果寶寶早期缺乏運動，將來身體健康、智力、學業等多方面都會受到影響。

0～6歲是培養「體商」的敏感期

有意識地對寶寶進行抬頭、翻身和坐姿訓練。不可以讓寶寶跪坐，最佳的坐姿是雙腿交叉向前盤坐。

學習各種需要身體協調的、比較精細的動作，如上下樓梯，自己穿衣服、繫鞋帶等，陪著寶寶玩剪紙、捏橡皮泥等遊戲。

3～6個月 **6～12個月** **1～3歲** **3～4歲**

幫助寶寶做好爬行和站立訓練。不要過早讓寶寶站、跳，這樣不利於骨骼發育。

不妨鼓勵寶寶扮演小兔子、小貓、小熊等，在不知不覺中練習走、跑、跳、投等運動技能。

運動跟吃飯一樣重要

好動是寶寶的天性，先讓寶寶學會使用身體，才能充分發揮智能。寶寶過剩的精力如果得不到很好的發洩，還會出現好動、淘氣等行為，進入幼兒園可能會被老師貼上「多動症」的標籤。

所以對寶寶來說，運動、玩耍就是學習，玩不好，就學不好，家長應該像對待寶寶一日三餐那樣認真帶寶寶一起玩遊戲。當然，鼓勵男孩多運動，並不是說女孩就要文靜乖巧。家長也應打破對女孩的刻板印象，多鼓勵女孩在運動中發展自己。

嬰幼兒動作發育特點

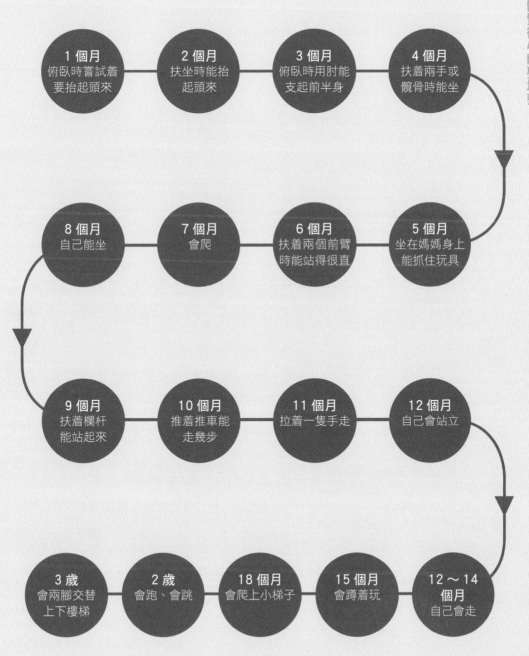

1 個月
俯臥時嘗試着
要抬起頭來

2 個月
扶坐時能抬
起頭來

3 個月
俯臥時用肘能
支起前半身

4 個月
扶着兩手或
髖骨時能坐

8 個月
自己能坐

7 個月
會爬

6 個月
扶着兩個前臂
時能站得很直

5 個月
坐在媽媽身上
能抓住玩具

9 個月
扶着欄杆
能站起來

10 個月
推着推車能
走幾步

11 個月
拉着一隻手走

12 個月
自己會站立

3 歲
會兩腳交替
上下樓梯

2 歲
會跑、會跳

18 個月
會爬上小梯子

15 個月
會蹲着玩

12～14
個月
自己會走

★ 寶寶大運動發育的時間

世界衛生組織關於寶寶大運動發育
第一次出現時間的研究

能獨坐：一般在 6～7 個月，可以早到 5 個月，也可以晚到 9 個月，即年齡跨度在 5～9 個月。

學會扶站：一般在 8～9 個月，年齡跨度在 7～11 個月。

學會用手和膝爬：一般在 9～10 個月，年齡跨度在 5～13 個月。

能扶走：一般在 10 個月，年齡跨度在 6～14 個月。

學會獨站：一般在 12 個月，年齡跨度在 7～17 個月。

學會獨走：一般在 12～13 個月，年齡跨度在 8～18 個月。

這六項大運動發育指標對於判斷寶寶運動發育的進程非常重要。媽媽可以對比一下，評估自己寶寶的發育進程。

如果在以上應該學會獨坐、扶站、爬、扶走、獨站、獨走的年齡還不會時，要多為寶寶創造練習的機會，特別是當寶寶在相應的年齡段仍然遲遲不會時，一定要引起重視，帶寶寶到專業機構尋求幫助。

延伸閱讀

運動發育——從上到下，從粗到細

寶寶的運動發育遵循從上到下、從近到遠、從粗到細的順序。寶寶都是先學會抬頭，接着會坐和爬，然後才能站和走，也就是從上到下地發育；從手腳亂動發展到能有目的地伸出手或腳，也就是先能控制手臂和大腿，然後才能控制手和腳；從用全掌一把抓起玩具到準確地用拇指和食指拾起細小的糖豆等，從粗到細；還有，寶寶都是先學會上樓梯，然後才學會下樓梯。

★ 翻出新天地

翻身是寶寶的第一個移動手段，更為重要的是，寶寶自出生之後一直是仰臥的，只能看到眼睛上方的世界，當他趴着抬起頭的時候，他能看到完全不同的一幅新鮮畫面，能夠和大人一樣看這個世界。

← **2~3 個月**
寶寶可伸展背柱從側臥到仰臥位。

4~5 個月
寶寶可有意識地將身體從側臥位翻至仰臥位。 →

← **5~6 個月**
寶寶能從仰臥位翻至側臥位或從俯臥位至仰臥位。

6~8 個月
寶寶可伸展上肢或下肢，連續從仰臥至俯臥位，再翻至仰臥位。

187

✱ 協助寶寶順利坐起來

　　通常寶寶會先靠着，呈現半躺坐的姿勢，接下來身體會微微向前傾，並用雙手在兩側輔助支撐。寶寶坐起來需要有強壯的背部肌肉作基礎。

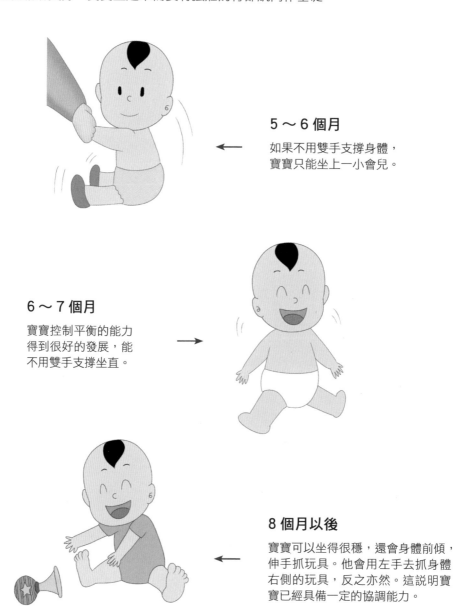

5～6 個月

如果不用雙手支撐身體，寶寶只能坐上一小會兒。

6～7 個月

寶寶控制平衡的能力得到很好的發展，能不用雙手支撐坐直。

8 個月以後

寶寶可以坐得很穩，還會身體前傾，伸手抓玩具。他會用左手去抓身體右側的玩具，反之亦然。這説明寶寶已經具備一定的協調能力。

媽媽可以這樣做

1

4 個月時練習拉坐。寶寶仰臥時，媽媽握住寶寶雙手腕部，慢慢將其從平臥位拉至坐位，然後再慢慢放下，反復練習幾次。

2

5 個半月時練習靠坐或依坐。讓寶寶靠在沙發背上或媽媽胸前倚坐，也可用枕頭墊住寶寶背部或兩側（以防傾倒）進行訓練。一開始，寶寶會出現向前傾或側傾，但經過一段時間的練習，寶寶可慢慢離開依靠物，獨自稍坐片刻。

3

到了 6 個月，可在寶寶前面放一些玩具，逗引他抓取然後拿在手中玩耍。但如果傾倒了，卻無法自己恢復坐姿，一直要到 8 個月大時才能不用任何輔助，自己坐穩當。

　　媽媽可將寶寶練習坐的空間用護欄圍起來，裏面隨意放置一些寶寶喜歡的玩具促使寶寶自主練習。

　　不要讓寶寶採取跪姿使兩腿形成「W」狀或將兩腿壓在屁股下，這樣容易影響將來腿部的發育，最好的姿勢是採用雙腿交叉向前盤坐。

　　有些寶寶坐着時背脊會產生突出的情形，這可能意味着寶寶太瘦了；但如果發現在背脊突出處有皮膚顏色異常的狀況，媽媽最好小心留意，或帶寶寶去醫院檢查是否屬骨骼發育問題。

育兒專家提醒

注意寶寶練習坐的環境

1. 當寶寶會坐時，切不可讓他單獨坐在床上，尤其是不能靠近無護欄的一側，以防寶寶動作過大而摔下床。
2. 寶寶坐的周圍要有柔軟的保護物，如沙發墊、被子等，避開牆、櫃子等地方，以防傾倒時磕碰到寶寶。

★ 讓寶寶盡情地爬

　　爬是體現寶寶發育差異特徵性的表現，首先不是每個寶寶都要經歷爬，其次寶寶學爬的時間比較長，通常是在寶寶 7 ～ 10 個月，但實際上對於爬沒有固定的早或晚的標準，只要寶寶按照自己的發育進程發展就可以了。

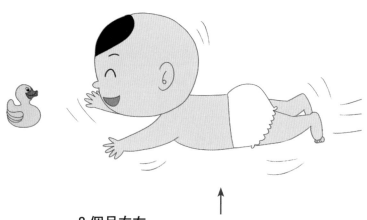

8 個月左右

寶寶開始學習主動向前爬，而且爬的姿勢也是多種多樣。在學習爬行的初期，幾乎都是以手腳並用的移動方式，而且向後退的距離遠比向前的多。此後，寶寶慢慢會用手肘匍匐前進，而且腹部貼着地面，只是速度有點慢。

9 ～ 10 個月

寶寶的身體可以慢慢離開地面，採用兩手前後交替的方式，開始順利往前爬行。

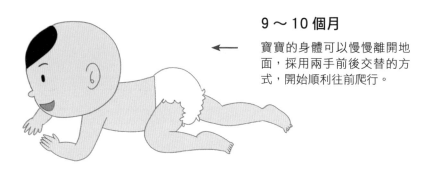

媽媽可以這樣做

1

讓寶寶俯臥在鋪滿地毯或地墊的房間，在他面前約 40 厘米的地方放一個新奇的玩具，促使寶寶自己移動身體得到玩具。同時，媽媽用溫柔的話語來鼓勵寶寶，和寶寶一起加油使勁，直到寶寶碰到這個玩具，並讓他玩一會兒，以滿足他的好奇心與成就感。

2

將玩具放在離寶寶更遠一點的地方，約 150 厘米，鼓勵他自己過去取。如果寶寶表現出有一絲為難或者力不從心，媽媽不妨雙手握住寶寶的雙腳，給他些助力幫他向前爬行。或者媽媽也可以蹲在寶寶對面，手持玩具逗引寶寶往前爬，同時媽媽不斷後退，有玩具和媽媽的雙重誘惑，寶寶學爬的興趣會更大。

3

爬行障礙賽。媽媽在寶寶爬行的路途中放置一個枕頭來增加爬行的難度，然後和寶寶來一場爬爬大賽。適當提高難度，會激發寶寶的征服慾，再加上有了媽媽的參與，練習爬行似乎成了一件快樂的事。

育兒專家提醒

為寶寶營造一個安全的爬行環境

1. 以寶寶視線的高度來確認周圍事物及環境是否安全。容易磕碰的地方要貼上防撞條，並對寶寶活動的區域進行清理，有台階的地方也要加上防護欄。
2. 寶寶到處爬行的過程中很可能會爬到插座附近，如不小心，將有觸電的危險。媽媽不妨將家裏的插座全部換成安全插座。
3. 寶寶爬行的地方必須軟硬適中，摩擦力不可過大或過小，可以在地板上鋪些環保塑料軟墊，為寶寶營造一個安全舒適的爬行環境。

✦ 怎樣做走得好

　　寶寶的蹣跚學步是邁向獨立的關鍵一步。有一天，寶寶靠着沙發站着，或者他正扶着沙發挪動，接下來，他會猶猶豫豫地朝着你伸開的雙臂搖搖晃晃地走了過來。從此寶寶一發不可收拾，開始走向更為廣闊的天地。

10 ～ 11 個月

寶寶一旦能自己站穩，就迫不及待地想邁出第一步。

12 個月

寶寶不停地蹲下、站起，他通過這些動作來加強自己腿部的肌力，訓練身體的協調性。

12 ～ 13 個月

寶寶扶着東西能夠走得很好，還時常大膽放開手走上一兩步，尋找平衡的感覺。

13 ～ 15 個月

寶寶已經能自己獨立行走了，媽媽要小心那些和寶寶同等高度的物品，別磕碰到寶寶。

媽媽可以這樣做

1

到了 10 個月左右時,寶寶開始能自己扶着家具站起來了,所以,一定要確保寶寶能接觸到的東西都是牢靠穩固的。媽媽每天可以抽出一些時間,鼓勵寶寶扶着你的手、小腿、床欄杆或小桌子學習站立。

蹲是寶寶學會走路前很重要的一個發展過程,等到寶寶能夠很好地獨自站立後,媽媽就可以有意識地訓練寶寶蹲站了。媽媽雙手扶着寶寶,讓寶寶蹲下來,把一件掉落在地上的玩具拾起來,然後再慢慢站起來。這樣反復的練習可增強寶寶腿部的肌力及身體協調性。

此時大多數寶寶還無法獨自行走,需要媽媽扶着腋下向前走,這是家長最辛苦的一段時間,要彎着腰,保護寶寶不停地走。或者媽媽還可以拿着寶寶感興趣的東西吸引他,鼓勵他扶着床沿或沙發自己走過來。

2

寶寶 14 個月大時,媽媽可以跪在寶寶面前,伸出雙手,鼓勵他向你走過來。或者雙手分別握住寶寶的兩隻手自己邊後退,邊鼓勵寶寶向前走。有些寶寶可能喜歡扶着小推車或其他一些玩具練習走路,並在這一過程中學會變換身體重心。

3

15 個月以後,大部分寶寶都已經能自己走路了,只不過還是搖搖晃晃的。最好讓寶寶在距自己一臂的範圍內自由活動,以便遇到危險時可及時保護寶寶。

育兒專家提醒

牽着寶寶學走路並不好

1. 寶寶的身體可能還沒準備好。過早幫寶寶學站學走,會對脊柱、下肢造成不必要的損傷,家長千萬不要主動扶着寶寶學站學走,不要互相攀比,每個寶寶有自己的發育歷程。

2. 不利於寶寶前庭平衡能力的發展。當你看到寶寶扶着沙發,遲遲不敢邁出一步,其實他的小腦袋正在思考如何控制平衡才不會出現跌倒的情況、先邁哪隻腳會走得更穩一些。此時不要隨意打亂寶寶自己的「安排」,隨意牽着寶寶走。

精細動作發展

《中華醫學雜志》關於早期精細動作技能發育促進腦認知發展的研究

精細動作能力的發展對兒童具有重要意義

　　3 歲前是寶寶精細動作能力發展極為迅速的時期。精細動作能力是兒童智能的重要組成部分，是神經系統發育的一個重要指標。早期精細運動技能的順利發育和有效發展可能利於早期腦結構和功能的成熟，進而促進認知系統發展。

3～4 個月
握持反射消失後手指可以活動

6～7 個月
出現換手與捏、敲等探索性動作

9～10 個月
可用拇、食指拾物，喜歡撕紙

12～15 個月
學會用匙，亂塗畫

18 個月
能疊放 2～3 塊積木

2 歲
可疊放 6～7 塊積木，會翻書

親子遊戲

★ 1 ～ 3 個月寶寶親子遊戲

搖搖小手

操作方法

1. 讓寶寶倚着枕頭或被子躺下，也可以將寶寶抱在媽媽懷中，讓寶寶正對着媽媽，然後舉起寶寶的小手在寶寶面前晃動，引起他的注意。

2. 媽媽可以提前準備簡單的兒歌，或自己隨意編幾句有節奏感的句子，如「小手真乖，小手搖一搖，小手快跑」「小手飛啊飛，小手搖啊搖，小手跳啊跳」等，然後一邊哼兒歌，一邊舉起寶寶的一隻小手輕輕晃動，讓寶寶的小手跟着兒歌的節奏搖動。

注意要點　媽媽在拉着寶寶的小手做各種動作時一定要輕柔，以免扭傷寶寶的胳膊。

運動好處　讓寶寶感受到肢體運動的節拍和速度，鍛煉寶寶胳膊的力度，從而鍛煉寶寶的大動作能力。

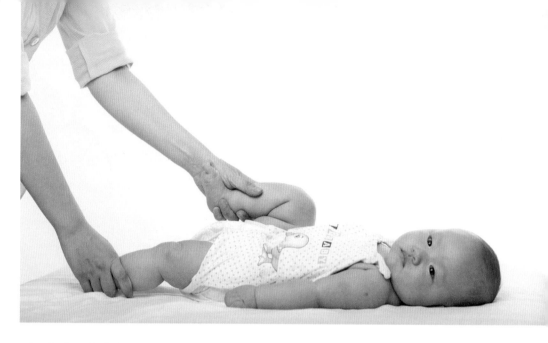

寶寶打水操

操作方法 讓寶寶平躺，握住寶寶的雙腳腳踝。先將寶寶的左腳上下搖一次，再將寶寶的右腳上下搖一次，如同雙腳打水狀。也可以在寶寶的腳踝處施力，先彎曲、伸直寶寶的左腳，再彎曲、伸直寶寶的右腳，反復 10 次。

注意要點 媽媽在抓握寶寶的雙腳時不要用力，動作幅度不要過大，以免弄疼寶寶。

運動好處 通過為寶寶輔助做打水操，可以鍛煉寶寶的腿部力量、促進寶寶腿部肌肉發育，提高大運動能力。

撥浪鼓響咚咚

操作方法 媽媽手搖撥浪鼓吸引寶寶的注意力，當寶寶張開小手時，媽媽把撥浪鼓手柄放到寶寶的小手中，鼓勵寶寶抓握。當寶寶握住玩具時，媽媽可以這樣說：「寶寶抓到了，寶寶真棒！」

注意要點 媽媽要經常檢查撥浪鼓兩旁的彈丸是否牢固，防止其因不牢固掉落而被寶寶吞食。

運動好處 鍛煉寶寶的抓握能力和觀察力，對寶寶的手眼協調性、視覺發育也大有裨益。

★ 3～6 個月寶寶親子遊戲

撓撓手腳心

操作方法

1. 將寶寶放在床上平躺，脫掉寶寶的鞋襪。
2. 媽媽將手洗乾淨，拉着寶寶的小手，用食指和中指在寶寶的手心裏輕輕劃動，給寶寶製造一種瘙癢感，寶寶會搖着小手躲開或攥住小手。
3. 也可用一塊小青瓜或其他東西代替手指，來豐富寶寶的觸覺。
4. 再用同樣的方法刺激寶寶的腳心。媽媽可在做遊戲時哼唱一些兒歌，如「小手心，大指頭，劃過來，劃過去」等。

注意要點 爸媽要留意力度，也要當心自己的指甲傷到寶寶。

運動好處 讓寶寶練習此遊戲，寶寶會感到很快樂。

寶寶敲響鼓

操作方法 讓寶寶坐在媽媽懷裏，在前面放一個小平鼓，給寶寶一根鼓棒，媽媽拿一根鼓棒，和寶寶一起敲擊。寶寶不會時，媽媽可先示範，並握住寶寶的手去敲，慢慢地，寶寶就會模仿。媽媽邊敲邊要語言跟進，讓寶寶理解「敲」的動作。

注意要點

1. 也可以讓寶寶敲小玩具琴。
2. 5 個月的寶寶一開始只會單手敲擊。

運動好處 通過讓寶寶敲擊，鍛煉寶寶手部的運動能力，培養寶寶手眼協調能力。

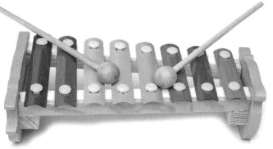

★ 6～9個月寶寶親子遊戲

小寶寶，坐牆頭

操作方法

1. 媽媽坐在地板上，將寶寶放在屈起的膝蓋上。

2. 告訴寶寶：「我們開始唱歌啦！小寶寶，坐在牆頭，笑啊笑啊笑笑笑。小寶寶，掉下牆頭，哭啊哭啊哭哭哭。」

3. 隨着兒歌的節奏抬起腳尖，讓寶寶有一種被彈起的感覺，當唱到「小寶寶，掉下牆頭」時，伸直腿讓他也「掉下來」。讓寶寶明白「掉」的感覺和「掉」這個詞的聯繫，加深其記憶。

注意要點 寶寶 7 個月大時，能發出「大大、媽媽」等雙唇音，能發出咳嗽聲或咂舌聲，並且能對熟人以不同的方式發音，對熟人發出聲音的力量和興奮程度與陌生人相比有明顯的區別。

運動好處 通過反復練習有助於增強寶寶體力，並增強其語言的記憶力和理解能力。

丁鈴鈴，電話來了

操作方法

1. 讓寶寶靠坐在床上，媽媽坐在對面。媽媽扮演兩個角色，演示媽媽和寶寶的對話。
2. 媽媽拿起玩具電話，對着電話說：「喂，寶寶在家嗎？」然後幫助寶寶拿起電話，說：「丁鈴鈴，來電話了，寶寶來接電話了！」
3. 媽媽在「電話」中要儘量強調寶寶對生活常用詞的理解和認識，如「餓了」「高興」「漂亮」等。

運動好處　媽媽用打電話的形式能提高寶寶對語言的興趣，幫助寶寶認識一種與人交流的新形式，提升其人際交往的能力。

眨一眨，搖一搖

操作方法　媽媽與寶寶面對面坐着，對寶寶說：「小眼睛眨一眨。」同時媽媽要做出眨眼睛的動作，並要求寶寶跟着做。

寶寶做完這個動作後，媽媽再對寶寶說：「小手搖一搖。」同時自己做，也讓寶寶模仿。接着媽媽再說：「小腦袋搖一搖。」同時鼓勵寶寶也跟着媽媽一起搖搖頭，並適當給予誇獎。

運動好處　訓練寶寶的模仿能力、記憶能力與注意力。

❀ 9 ～ 12 個月寶寶親子遊戲

小瓶體操

操作方法

1. 讓寶寶雙手各拿一個小礦泉水空瓶，最好拿在瓶口處，蓋好瓶蓋。和寶寶一起有節奏地敲起來，一邊敲打一邊配合簡單的動作。

2. 唱兒歌：

> 我的小瓶敲一敲，我的小瓶舉起來（向上伸直）；
> 我的小瓶敲一敲，我的小瓶張開來（伸一字形）；
> 我的小瓶敲一敲，我的小瓶放下來（敲敲地面）；
> 我的小瓶敲一敲，我的小瓶藏起來（放在背後）；
> 我的小瓶敲一敲，我的小瓶轉起來（讓寶寶舉着瓶子轉一圈）。

注意要點 注意寶寶的安全，並且關注寶寶的情緒。如果寶寶的興致不高，可以把兒歌聲音放大，這樣容易吸引寶寶的注意力，形成良好互動。

運動好處 訓練寶寶的節奏感和記憶力，訓練其聽覺能力、語言能力和動作的協調能力。

小手拍拍

操作方法　寶寶背靠媽媽前胸坐好，媽媽説兒歌，雙手扶寶寶小手配合兒歌做動作：

小手小手拍拍，我的小手向上拍；小手小手拍拍，我的小手向下拍；小手小手拍拍，我的小手藏起來。

注意要點　在和寶寶做遊戲時，動作要緩慢一點兒，以適合寶寶的接受能力為宜。

運動好處　訓練寶寶空間方位認知、雙手配合能力。

拔河

操作方法

1. 準備一隻彈力襪，寶寶坐在床上，媽媽坐在寶寶的背後保護寶寶。
2. 爸爸抓住襪子的一端，寶寶抓住襪子的另一端。爸爸輕輕向後拽襪子，媽媽鼓勵寶寶也向後拽襪子；爸爸突然鬆開手，讓寶寶自然後仰進媽媽的懷抱。可以反復多次做這個遊戲。

注意要點　爸爸鬆手時，動作要輕柔一些。

運動好處　通過遊戲，鍛煉寶寶的空間感。

⭐ 1 ～ 1.5 歲寶寶親子遊戲

寶寶接球

操作方法

1. 準備一個軟皮、彈力適中、個頭比足球小的皮球，表面有「刺突」的更好。

2. 在寬敞的房間或室外空地上，爸爸媽媽將球往地上投擲，待球彈起來時讓寶寶用雙手去接。也可由寶寶自己把球投擲下去，爸爸媽媽來接。

3. 過一段時間，可根據寶寶的熟練程度加大距離，還可有意識地將球扔向距寶寶有一定距離的左方或右方，讓他轉動身體去接球。

注意要點 爸爸媽媽第一次扔球時，最好扔在寶寶的肩膀和膝蓋之間，過高或過低會增加接球的難度。球的充氣量要適中，發球的速度不要太快，以免打疼寶寶。

運動好處 提高寶寶的行走能力和速度。

數字歌

操作方法

1. 在寶寶安靜的時候給他朗讀《數字歌》。

2. 可以帶着寶寶伸手指，如說到「1 像鉛筆會寫字」的時候，可以伸出食指比畫「1」。

注意要點　不要一次性灌輸太多內容，也不要過於急功近利，否則會適得其反，降低寶寶學習的興趣。

運動好處　在朗讀兒歌時，加強寶寶對數字的認知和對圖形的把握，提高寶寶的語言能力。

1	像鉛筆會寫字	1 2 3
2	像小鴨水中游	
3	像耳朵聽聲音	
4	像小旗迎風飄	4 5 6
5	像秤鉤來買菜	
6	像哨子吹比賽	
7	像鐮刀割青草	7 8 9
8	像麻花擰一擰	
9	像蝌蚪尾巴搖	
10	像油條加雞蛋	10

模仿小動物

操作方法

1. 媽媽做示範動作，讓寶寶學小兔子跳：兩手放在頭兩側，模仿兔子耳朵，雙腳合併向前跳。

2. 也可以學大象走：身體向前傾，兩臂下垂，兩手五指相扣，兩手左右搖擺模仿大象的鼻子，向前行進。

3. 學小鳥飛：雙臂側平舉，上下擺動，原地小步跑。

注意要點　這個遊戲能讓寶寶的身體運動技能得到充分的鍛煉，還能讓寶寶更快樂，所以要多鼓勵寶寶做。

運動好處　訓練寶寶肢體動作的協調性。

★ 1.5 ～ 2 歲寶寶親子遊戲

咚咚咚，是誰啊

操作方法

1. 寶寶在房間裏，媽媽在外面「咚咚咚」地敲門。
2. 媽媽說：「咚咚咚，我是媽媽，可以進去嗎？」
3. 寶寶回答：「好，請進！」
4. 接着角色互換，由寶寶敲房門試試看。

注意要點　此外，要教寶寶有禮貌地和別人打招呼、表達自己希望溝通的意願、鼓勵寶寶多與同齡的小朋友一起玩。

運動好處　通過遊戲教會寶寶養成好習慣，培養寶寶的社交能力。

和毛毛熊聊天

操作方法

1. 準備一個彩色鮮豔的毛毛熊玩具或者其他毛絨玩具，引導寶寶和毛毛熊說話：「毛毛熊，你好！」
2. 媽媽扮成毛毛熊說：「寶寶，你好！」

運動好處　鍛煉寶寶的語言溝通能力，培養寶寶和人說話的興趣。

★ 2～3歲寶寶親子遊戲

認識早和晚

操作方法

1. 媽媽要準備「早晨」「晚上」兩張卡片：早上活動，起床、洗漱、晨練；晚上活動，看電視、睡覺。

2. 媽媽出示起床、洗漱、晨練的圖片，請寶寶觀察後，問他：「這是甚麼時候？」

3. 媽媽出示全家人看電視、哄寶寶睡覺的圖片，請寶寶認真觀察後，問他：「這是甚麼時候？」

4. 最後，媽媽手拿圖片，並問：「寶寶，天亮了，要起床了，是甚麼時候？」讓寶寶回答「早上」。

5. 媽媽繼續提問：「月亮出來了，媽媽要哄寶寶睡覺了，是甚麼時候呢？」請寶寶回答「晚上」。

注意要點　媽媽還可以在相應的時間段，利用文字或圖片，幫助寶寶記錄家人的行為。

運動好處　培養寶寶對早和晚的認知能力，幫助寶寶初步建立時間概念。

套杯子

操作方法

1. 準備塑料水杯或紙杯 5 個。

2. 媽媽將水杯一字排開放在寶寶面前。

3. 媽媽依照水杯擺放的順序，拿起一個水杯套在另一個水杯上。

4. 依次將 5 個水杯套在一起，演示給寶寶看，然後再將水杯依次排開。

5. 請寶寶拿起一個水杯套在另外的水杯上，依次將水杯擺起來。

注意要點　這時的寶寶可能還不能完全準確地完成套杯子的動作，媽媽需要在旁邊協助，並及時鼓勵寶寶。

運動好處　加強寶寶對數字的認知，加強寶寶對多與少的理解，還能鍛煉寶寶手拿物品的能力和手眼的協調性。

愛運動的寶寶長得高

「我的寶寶為甚麼比別的寶寶矮？」「我和老公的身高都不高，寶寶怎樣才能長得高些？」這些問題，都是家長非常關心的。我們知道，決定寶寶身高的因素很多，如先天性的遺傳因素，這是無法在出生後改變的。而後天性的如營養、運動鍛煉以及睡眠和精神狀況等方面，也是決定寶寶未來身高的重要因素，這些是可以改變的。

運動、營養有助於長高

一般來說，1歲以內的寶寶，營養對身高可以說起主導作用，因而要想讓寶寶長高，首先要保證這一時期的營養合理和充分，母乳餵養十分重要。

運動對促進寶寶長高有着重要的作用。有的父母總喜歡把寶寶抱在懷裏，即使能走路了也是如此，剝奪了寶寶下地走路鍛煉的機會，這對促進骨骼發育及長高是十分不利的。其實，運動能促進生長激素的分泌。

運動類似於摸高、單杠、跳繩、伸展體操等，都可以促進身高生長。

從小抓起，多做彈跳和拉伸運動，可以改善肌肉韌帶的彈性，促進骨骼生長。

抓住春天成長的契機

　　春天是萬物生長的季節，更是寶寶長身體的最佳時機。世界衛生組織調查表明，兒童長得最快的時段是在每年 3 ～ 5 月份。因此，在春季對寶寶進行各方面調養，會使寶寶長得好、長得高。

　　捏脊能激發「長高因子」，從而有效地調節和增強臟腑功能，激發內臟活力，改善肌肉和骨骼系統的營養，加速寶寶生長發育。

　　在捏脊過程中，要面帶微笑，露出關愛的情感，這樣能消除寶寶對捏脊的恐懼感。注意，要根據寶寶的年齡和身體健康狀況來把握捏脊的力度和時間，不要急於求成。

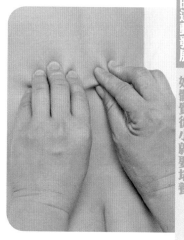

捏脊可配合揉、摩、擦、按等觸摸方式，使寶寶對捏脊感興趣，更能促進父母與寶寶之間的感情。

別錯過治療矮小症的最佳時期

　　矮小症是指兒童的身高低於同性別、同年齡、同種族兒童平均身高的 2 個標準差。

　　寶寶的遺傳身高一般可以按照下列公式粗略測定：

男孩的遺傳身高 ＝ 父母的平均身高 ＋ 6 厘米
女孩的遺傳身高 ＝ 父母的平均身高 － 6 厘米

　　若實際身高與之相差太大，則應去醫院進行檢查。通常男孩的骨齡達到 15 歲、女孩達到 14 歲時，身高增長就不明顯了。因而，治療矮小症的最佳時期是 2 ～ 10 歲。

　　矮小症多數可通過藥物治療，但應針對不同病因採取不同治療方法。因此，應該先到正規大醫院矮小專科進行檢查，查明病因，再對症治療。切忌聽信廣告宣傳，盲目購買增高產品。

延伸閱讀

測骨齡很要緊

　　骨齡是骨骼年齡的簡稱，寶寶的骨齡就像植物的年輪一樣，標誌着生長發育的階段。通常要拍攝左手手腕部的 X 光片，醫生通過 X 光片觀察，左手掌指骨、腕骨及橈尺骨下端的骨化中心的發育程度來確定骨齡，推測身高潛力。

　　一般建議女孩 4 周歲，男孩 5 周歲就可以開始測骨齡，偏矮者建議每半年進行一次骨齡測量，身高正常的可以一年測一次。骨齡異常需要及時干預和治療。

矮小的寶寶需要綜合調理

1 飲食

矮小的寶寶中 2/3 都有不良飲食習慣。暴飲暴食、偏食挑食、不吃早飯、吃太多甜食等都會阻礙長高。想長高，蛋白質以及鈣、磷、鋅等礦物質缺一不可，每天應保證充足的奶量。

2 運動

例如多做跳繩、踢毽和各種球類等需要向上跳的運動。同時糾正寶寶站、坐、行、讀、寫的不良姿勢，以防脊柱變形影響長高。對稍大的寶寶（學齡兒）運動宜達到有氧運動的程度，即中等運動。

3 睡眠

生長激素分泌在夜間深睡眠時達高峰，因此要保證寶寶充足的睡眠。1～1.5 歲兒童每天要睡 13～14 小時，1.5～3 歲兒童每天要睡 11～13 小時，3～6 歲兒童每天要睡 10～12 小時。為了儘快進入深睡眠狀態，最好讓寶寶晚上 10 點之前入睡，做到早睡早起。

育兒專家提醒

老挨罵，寶寶長不高

心理學家發現，如果父母及老師經常訓斥、辱罵，甚至歧視、威嚇、體罰寶寶，可能會不同程度地影響寶寶的身高發育。現代醫學證實，「精神剝奪性矮小」是導致寶寶身材矮小的因素之一。人體大腦有一個被稱為下丘腦的組織，它的作用是根據神經網絡傳來的各種微弱信號，來刺激並產生促進生長的激素。如果神經過度緊張和壓抑，就會導致生長激素減少，造成寶寶發育不良，甚至得矮小症。

網絡點擊率超高的問答

專題

瘦寶寶需要多游泳嗎？

梁醫生回覆： 如果寶寶一直很瘦，吃飯愛挑食，那就不妨讓他多游泳。

游泳是一項非常好的全身有氧運動。游泳時隨着體能的大量消耗，在中樞系統的調節下，人體會動員肌肉和肝臟中貯備的熱量來保證熱量供應。游泳能增強寶寶食慾和新陳代謝，使消化功能得到改善，游泳後容易出現饑餓感。

很多家長會欣喜地看到，寶寶在游泳後喊餓，吃東西也不那麼挑食了。長期堅持，瘦弱的寶寶會逐漸健壯起來。游泳不但能讓寶寶長體重，還能增強抵抗力，讓其肌肉發達，有利於鍛煉骨骼的靈活性和柔韌性，更好地促進骨骼發育。

寶寶是不是都要經歷「七爬八坐」？

梁醫生回覆： 傳統上，「七爬八坐」（7 個月會爬，8 個月能坐）代表的是嬰幼兒發展的指標，也因此往往被家長們用來衡量寶寶表現是否「正常」。但家長更應該關注寶寶自身的發育速度和發育趨勢。寶寶的身心發展既存在規律性，也具有個體差異，一些寶寶 6~7 個月不會爬並不代表發育不良，可能 8 個月就會爬了。坐、爬、站、走是自然而然的發育過程，不用刻意去干預。偶爾也有一些完全正常的嬰兒根本不會爬行或是匍匐，他們只是坐着，蹭過來蹭過去，直到學會站立為止。

寶寶適合做甚麼運動？

梁醫生回覆：父母可以讓寶寶進行彈跳、拍皮球、踢足球、游泳等運動，這些運動既有助於增加寶寶的身高，又不會傷害身體。另外，對於尚未發育成熟的兒童，一次運動時間最好不要超過 1 小時，間隔十幾分鐘休息一會兒後再運動。一天的運動量不能過大，以運動後寶寶不覺疲勞為限。

寶寶多大可以玩滑板車？

梁醫生回覆：3 歲以下兒童不宜獨立玩滑板車。兒童身體正處於發育的關鍵時期，如果長期玩滑板車，會出現腿部肌肉過分發達，影響身體的全面發展，甚至影響身高。此外，玩滑板車時腰部、膝蓋、腳踝需要用力支撐身體，這些部位非常容易受傷，所以一定要做好防護，最好有父母陪護，並且找平坦寬敞的非交通區域玩耍。

寶寶運動前也要做準備活動嗎？

梁醫生回覆：準備活動的質量是影響運動效果的關鍵環節。通過一般性準備活動，如原地踏步、壓腿揉膝、伸腰等，能提高寶寶機體運動系統的準備狀態，並能避免運動時的損傷。

對於年齡較小的寶寶，運動過程中家長最好陪着寶寶一起進行，注意運動量要適度。學齡前期寶寶最高心率一般不超過每分鐘 160 次，心率一般 120 ～ 140 次 / 分較為適宜。

運動後，則要帶着寶寶一起做些舒緩的運動進行「放鬆」，如伸展四肢、腹式呼吸等。如果出汗較多，一定儘快換上乾爽的衣物，以免感冒。

寶寶的智力開發與早教

聰明寶寶養成記

感知能力開發

✳ 在模糊中發展的視力

寶寶眼睛經歷了從視覺模糊、黑白、彩色、清晰度緩慢發展等過程。

0～6個月

新生兒看到的只是光和影，只能看清 15～20 厘米內的事物。從第 2 個月起可以頭眼協調地注視物體，6 個月時，寶寶目光可隨上下移動的物體垂直方向轉動。

視覺啟智訓練方法
也就是說寶寶吃奶時剛好可以看到媽媽的臉，這個時候最好在寶寶眼前放一些具有黑白對比色的玩具，可以刺激寶寶的眼睛移動，同時也給予紅色色彩刺激，為寶寶進入色彩期做準備。

6～12個月

是寶寶視覺的色彩期，也是寶寶視敏度發展的關鍵期，寶寶可以透過清楚的影像（能看到小物體），開始發展其他的感官功能。1 歲時，寶寶的正常視力為 0.1～0.3。

視覺啟智訓練方法
通過豐富多樣、顏色鮮豔的圖案刺激（可以在床頭掛些色彩鮮豔的氣球，在嬰兒房裏佈置一些簡單而鮮明的圖畫），加速寶寶腦部視覺區的發育，促進高層次的認知發展。

2～3歲

進入建立立體空間感的黃金時期，開始對遠近、前後、左右等立體空間有了更多的認識。2～3 歲幼兒的正常視力為 0.6～0.8。

視覺啟智訓練方法
使用玩具，可以很好地引導寶寶的視覺從二維向三維轉化。

育兒專家提醒

寶寶的「鬥雞眼」

1 歲以內的寶寶，眼球還未發育成熟，眼球直徑短，處於遠視狀態。當看近的物體時，兩隻眼睛不能在同一個軸上，因此出現內斜視，即所謂的「鬥雞眼」。隨着年齡的增長，眼球的逐步發育，這種現象就會消失。

✽ 較早的智力能力：聽覺

聽，是促進語言發展和智力發展的基本因素。在嬰幼兒時期，如果做好有關聽覺的訓練，寶寶的聽覺集中、分辨、記憶、理解能力都能得到提高，將會更加準確、生動、流利地表達自己的想法，為寶寶今後社交、學習做好準備。

先學會聽才能學說話

對寶寶聽覺的訓練也能夠促進其語言發展，因為寶寶只有先學會了聽，才會學習說話。媽媽可以拿一些寶寶喜歡的發聲玩具，如鈴鐺、撥浪鼓等，在寶寶面前搖晃，吸引寶寶的注意力，讓他把目光集中在你的臉上。這時候你就可以對着寶寶喊出他的名字，或是對着他說話；媽媽還可以在寶寶四周製造聲音，讓寶寶尋找聲源，加強寶寶對聲音的注意力。

保護聽力，從防治中耳炎做起

在引起聽力下降的各種原因中，中耳炎最常見。為了預防中耳炎，可以採取以下措施：

1

嬰兒出生後一個月已經具有比較完善的聽覺，這個階段不宜接受較大聲音刺激，過大的聲音刺激可造成聽覺損傷。給寶寶洗澡、洗頭時注意別讓污水灌進耳道，以預防中耳炎的發生。

2

應該注意正確餵奶和餵水姿勢，即把寶寶抱起來，取半臥位姿勢（避免平臥或仰臥位餵奶），如果乳汁過於充足，壓力太大，可以使寶寶頭稍低，這樣可避免嗆奶或吞咽不及時誤入耳咽管造成急性中耳炎。

3

讓寶寶從小進行「三浴」（空氣、陽光和水）鍛煉，按時予以免疫接種，以增強體質，減少感冒的發生。

4

遇到寶寶不明原因發熱，應請專科醫生檢查雙側耳道，以發現有無急性中耳炎發生。

5

6歲以下兒童應避免使用氨基糖苷類藥物（抗生素的一類）。

✿ 口的敏感期：吃、啃、咬

在寶寶出生 2 個月左右，就會自動地吃手了，剛開始吃拳頭或大拇指，漸漸改為吃食指比較多。口的敏感期持續時間大約到 1 歲，如果沒有得到滿足或很好的發展，會推遲到 2 歲。其實，只有滿足了寶寶口的敏感期，才會在口的敏感期結束後迎來手的敏感期。

首個敏感期：口的敏感期

寶寶認識這個世界，首先是通過嘴開始的，常會用嘴來吃手、啃玩具、咬衣角，這也是寶寶觸覺敏感期比較常見的表現。通過這種方式，寶寶逐漸認識自己的身體，同時鍛煉了手眼協作的能力。如果此時強行糾正反而不利於寶寶的發展。

口敏感期的表現

對於 6 個月前的寶寶來說，吃手是智力發展的一種信號；也有可能是處於長牙期，通過咬手或者玩具緩解不適；另外，如果依戀敏感期的寶寶離開媽媽，也會為了緩解自己的心理依賴吃手或者啃玩具。

無論哪種情況，1 歲內的寶寶吃手不需要特別糾正。國外研究發現，這個時期寶寶行為若受到強制約束、口的敏感期沒有得到正確對待的話，長大後更易形成具有攻擊性的性格。

這個時候家長一定要耐住性子，經常給寶寶洗手、給玩具消毒。

除了吃手，寶寶還會吃衣領、被角、玩具等一切能吃到的東西。有些寶寶如被阻撓吃手、吃玩具等，會用別的方式來完結口的敏感期，比如吃奶時咬乳頭、咬奶嘴等。

父母可以準備一些熟豬肝，切成小條放到寶寶的手裏，這樣可以磨牙、補充鐵元素。不過，寶寶長牙以後，要給他準備一些較硬的食物，比如餅乾、奶棒、蘋果條等手指食物。切記，一定要在寶寶坐着的時候再給他食物。

★ 深度解析寶寶的抓、搶、打

寶寶的手是被口喚醒的，也就是説，寶寶在吃手的過程中，認識了手的功能。當手的敏感期到來的時候，口的敏感期還存在，因為要發展手的能力、認識手的功能，寶寶會不停地做出各種動作、觸摸各種物品，而手活動的範圍愈大，特別是會爬、能走的時候，可放到手裏的物品也就愈多，能放入口裏的物品也增多了。

給寶寶抓、摸的機會

手的敏感期到來後，寶寶會不停地去觸摸能夠碰到的物品。這個時候，父母要為寶寶提供適宜的環境，支持寶寶成長，這是父母的養育責任之一。

不管是寶寶擺弄媽媽的飾品，還是亂抓父母的衣服，或者把士多啤梨捏個稀巴爛等，父母都不要打罵寶寶，因為這個過程是寶寶感受、體驗不同物品，發展認知的過程。

引導「小強盜」

當寶寶搶別人東西的時候，有的家長喜歡稱他們為「小強盜」。其實，隨意給寶寶貼上負面的「標籤」，不但會使寶寶誤解，而且容易使分不清褒貶的寶寶真的養成「搶」的習慣。

此時的寶寶可能分不清「你的」「我的」，當別人有甚麼東西的時候，自己也想擁有，於是便伸手去拿了。當遇到寶寶想拿別人東西時，媽媽可以對寶寶説：「那是小朋友的，我們家裏有，我們回家拿！」也可以説：「你問問小姐姐，給你玩一會兒行嗎？」這樣可以在寶寶心中樹立一個東西是別人的，想玩要好好跟人家商量的觀念，而不是伸手就搶。

改變「打」的行為

寶寶常有打人的動作，特別是稍大一點兒，有了力氣後的寶寶很容易把對方打疼。其實，很多時候寶寶不是想「懲罰對方，讓對方痛苦」而發出這個動作，寶寶可能只是想跟對方打個招呼或者引起對方注意。所以，父母要抓住時機，教會寶寶正確的表達方式。

比如，當寶寶來到小朋友中間，伸出手來要打沒打的時候，父母要及時抓住寶寶的手觸碰對方的手，並對寶寶説：「輕輕握握手，我們是朋友。」從這個動作中寶寶就學會了和對方握手是一種交友方式，同時手也付出了行動。漸漸地，他就明白了該怎樣跟其他小朋友打招呼。

記憶的發展

★ 3 歲前的寶寶，能記住甚麼

《兒科學》關於寶寶記憶力的發展
寶寶記憶的特點

長久記憶分為再認和重現，再認是以前感知的事物在眼前重現時能被認識，重現是以前感知的事物雖不在眼前重現，但可在腦中重現。1 歲內的嬰兒只有再認而無重現，隨着年齡的增長，重現能力逐漸增強。幼兒只按事物的表面性質記憶信息，即以機械記憶為主。

嬰幼兒的記憶可分為四種類型

寶寶記得自己的動作或運動。譬如，寶寶學會了用勺的動作後，下一次拿到勺子的時候就可以記住並保持這個動作，而不用每次都重新學一遍。運動記憶出現最早，約在寶寶出生後的前 2 周便可觀察到。

是寶寶對於自己體驗過的情緒和情感的記憶。寶寶在玩某個玩具時受到了驚嚇，下一次看到這個玩具時便會回憶起當時的情緒，因而可能不願再碰這個玩具了。情緒記憶比其他類型的記憶更加持久，我們往往已經忘記了事情的經過，卻仍對當時的情緒體驗感受強烈。所以，跟寶寶相處的時候，不能一味地強制寶寶讓他去做事情，不顧及他的情緒感受，否則寶寶不僅不會對這件事情感興趣，有可能還會產生抵觸心理。

3

形象記憶

指根據具體形象來記住各種物品。約 10 個月大時，如果寶寶想喝水，他便會看向奶瓶或水杯。這樣的記憶最早出現於 6 個月以後，在 3 歲前所佔比重最大。所以，3 歲前寶寶進行認知活動時，最好使用直觀、具體、形象的材料。

4

語詞記憶

對語言材料的記憶。語詞記憶比較抽象，發展也較晚。語詞記憶會在 1～2 歲出現。反復唸兒歌給寶寶聽，寶寶就會逐漸記住兒歌，唸出兒歌某一個字，最後一個字，最後三個字，甚至是最後一整句話等。

不能忽視的無意識記憶

3 歲前寶寶記憶的最大特點是以無意識記憶為主，他們的學習方式與成人非常不同。無意識記憶，相對有意識記憶而言，指事先沒有預定目的、沒有經過特殊安排的識記過程。無意識記憶在寶寶的探索過程中有着積極的意義。寶寶年齡愈小，愈會依靠無意識記憶獲得信息，甚至可以説，3 歲前的寶寶尤其擅長無意識記憶。

所以，不要以為 3 歲前的寶寶就沒有記憶，當你走進他們的世界，了解了他們記憶的特點，你就會發現寶寶更多可愛之處。另外，嬰兒大腦有情感記憶，你對他是熱情關懷還是愛理不理，他都能感受得到。

✿ 寶寶對顏色的認識有個過程

　　一般而言，在寶寶 2 歲的時候就可以嘗試教他認識顏色，此時的寶寶，已經具備了基本的識別顏色的能力。媽媽可以讓寶寶接觸顏色的知識，慢慢教寶寶認顏色。

嬰兒

新生兒出生後不久，便出現了顏色視覺。有人給 3 個月的嬰兒呈現兩個亮度相等但一個是彩色、另一個是灰色的色盤，測定他們對兩個色盤注視的時間。研究發現，嬰兒在彩色色盤上注視的時間比灰色色盤長 1 倍。一般認為，嬰兒從第 4 個月起開始對顏色有分化性反應，已能辨別彩色和黑白色。波長較長的暖色（紅、橙、黃）比波長較短的冷色（藍、紫）更容易引起嬰兒的喜愛，紅色的物體特別容易引起寶寶興奮。

2 歲

4 個主要顏色之中，叫對黃和紅要比叫對綠和藍早得多。

3 歲

3 歲幼兒已能正確地辨別紅、黃、藍三原色和綠色，但對於大多數的混合色，如紫色和橙色等卻不善於區別。對於各種顏色的色度也還不能辨別。

4 歲

從 4 歲起，他們就逐步學會區別各種色調的明暗度和飽和度。有研究顯示，3～6 歲兒童對顏色的正確命名隨年齡的增長而逐步提高。3 歲兒童對 8 種顏色命名的正確率為 50%，4 歲為 68%，5 歲為 90%，6 歲為 95%。寶寶對不同顏色正確命名的難易程度是不同的，其中紅色的命名正確率最高（98%），其次為白（98%）、黑（96%）、黃（83%）、綠（78%）、藍（61%），最差的是橙（51%）、紫（43%）。

喜人的想像

★ 兩三歲，想像力的啟蒙期

寶寶的想像力在兩三歲時迅速發展，該階段的想像基本上是一種無意識想像，也可以說是一種自由聯想。無論甚麼東西寶寶都可以玩起來：小凳子或積木可以變成汽車，紙杯可以是電話，一條絲巾把自己裝扮成公主……所有到寶寶手上的東西都有了象徵意義。這時寶寶的想像已不再局限於具體事物形象，而是帶有一定的情節，具有情景性。寶寶可以運用自己的想像和大人或同伴一起從事象徵性遊戲。

早期的想像是一種自由聯想

在 3 歲左右，寶寶在繪畫以前，不知道究竟要畫甚麼，只能在畫的過程中一邊想一邊畫，畫完後看它像甚麼就是甚麼。這時，想像是由於外界刺激而直接引起的，一般沒有主題，也沒有預定目的。

而且所畫內容不能重複畫出來，說明這個時期的寶寶想像事先沒有明確目的，而是受外界刺激直接引起的。這個時期的寶寶，想像的主題容易變化，在繪畫時，經常中途改主意。聽故事時，喜歡不厭其煩地重複聽，只是以想像過程為滿足。

想像和現實容易混淆

寶寶早期的想像似乎常常與知覺的過程相糾纏，他們往往只是用想像來補充他們所感知的事物。

寶寶由於年齡小，還不會區分現實與想像，對他們來說，不可能的事情是沒有的，所以他們常常把想像和現實混淆起來。寶寶的言談中常常有虛構的成分，對事物的某些特徵和情節往往加以誇大。有些 3 歲左右的寶寶表現出想像型說謊，實際上，寶寶沒有惡意編造，也確實不算真正意義上的謊言，某種角度上看，這既說明他的想像力，也體現了他內心的某種願望。

★ 發展寶寶的想像力

幼兒的想像力要到一定年齡才會出現。一般來說，當他們「懂事」之後，就可以進行這方面的培養和訓練。最初，也是以遊戲開始。

保護和激發寶寶的好奇心

好奇心是推動寶寶想像產生和發展的重要因素。因此，爸爸媽媽要保護寶寶的好奇心，要盡可能滿足寶寶對未知事物的探索欲望。同時要進一步激發寶寶的好奇心，鼓勵他們對新奇事物的觀察和認識，並使其在這一過程中獲得心理上的愉悅和滿足。

與寶寶一起遊戲

在寶寶想像發展的過程中，爸爸媽媽的參與和引導是非常重要的。寶寶的想像力是在各種活動中逐漸發展起來的，尤其是各種遊戲活動。爸爸媽媽應積極地參與到寶寶的遊戲活動之中，並在共同參與的基礎上進行適當的引導。

父母可徒手或利用小玩具做模仿遊戲。比如，用手做成兔、雞的樣子，問寶寶像不像兔、像不像雞，可以給寶寶買個玩具布偶，給布偶做個小被子、小枕頭，讓寶寶摟着它睡覺，用勺子給它餵飯。當寶寶大一些的時候，和寶寶一起剪紙、畫畫、捏橡皮泥、搭積木等，讓寶寶想像這些像甚麼。這樣會使寶寶展開想像的翅膀。也可以給他們講童話故事，講到一半，讓他們編出不同的結局，以豐富他們的想像力，為培養他們的創造力做準備。

育兒專家提醒

引導寶寶確定想像主題

寶寶需要爸爸媽媽幫助他明確想像的目的和主題。爸爸媽媽要多多鼓勵和引導寶寶對他所開展的活動主題進行描述，通過這些方式來強化活動主題。比如在寶寶開展關於水果的活動時，爸爸媽媽可以提供一些水果實物或圖片，引導寶寶圍繞水果這一主題開展想像活動。

⭐ 讓寶寶的心靈活躍在色彩中

美麗的圖畫總能引起我們無限的想像，同樣，我們的想像也能通過圖畫表現出來。

進入斑斕的色彩世界

準備幾支彩色鉛筆、蠟筆等，讓寶寶進行塗畫的練習，隨性地塗塗抹抹，空間允許的話，媽媽可以把它們貼在牆壁上，讓他人一起分享寶寶的作品，讓寶寶產生滿足感。

畫想像之作

父母一定會帶寶寶去動物園的吧？假設下次要帶寶寶去動物園看長頸鹿，可以在出發之前準備關於長頸鹿的圖畫、書籍等資料，讓寶寶先了解長頸鹿。等到了動物園看到真正的長頸鹿之後，便問寶寶長頸鹿有多高，讓寶寶用手比畫一下，父母也可以協助寶寶手把手地比畫一下；再問長頸鹿身上有甚麼顏色，讓寶寶對長頸鹿有更深一步的觀察與了解。在此基礎之上再讓寶寶作畫，寶寶一定能很快就畫出來。

給爸媽的話

- 如果發現寶寶對繪畫有很大興趣，但自己無法指導的時候，可以帶寶寶去繪畫興趣班，請專業的美術教育工作者指導。
- 不要拿自己的寶寶跟別人的寶寶比較，無意中會加重寶寶的負擔。
- 要理解寶寶的「另類」作品，不同的人會有不同的感受，感受不同，畫中所表達的形態也會不同，別輕易地以為寶寶是「與眾不同」的。
- 跟寶寶一起比較並分享昨天、今天與明天的表現，讓寶寶在生活中感受進步。

思維能力發展

★ 寶寶 3 歲前的思維水平

人的邏輯思維發展的總趨勢是：由動作思維發展到形象思維，再依次發展到抽象邏輯思維。所以，抽象邏輯思維能力也是從小慢慢發展的。

思維分類及特徵

從思維產生和發展過程來看，思維可分為動作思維、形象思維、抽象思維三種。動作思維是思維過程中依賴實際動作為支柱進行的思維，如 3 歲前寶寶的思維總是伴着動作，他們不能脫離動作默默思考。形象思維是思維過程中依賴表像為支柱進行的思維。抽象思維是在思維過程中借助語言中介，並以概念、判斷、推理的形式進行的思維。

從兒童思維發展的過程來看，學齡前兒童的思維具有較大的具體形象性。有研究顯示，兒童是用「形象、聲音、色彩和感覺思維的」，到學齡前晚期，能初步進行抽象邏輯思維。

瑞士兒童心理學家皮亞傑認為，從出生到 4 歲是人的智力發展的決定時期，其中 8 個月至 1 歲，2 ～ 3 歲（特別是 2.5 ～ 3 歲）是兩個轉折期、關鍵期。人的一生思維發展的速度是不平衡的，是先快後慢的。

思維需要訓練

思維是兒童掌握知識主要的心理過程，發展思維能力既是掌握知識的前提，又是發展其創造力的核心。促進寶寶思維發展，一方面要為其創設一個良好的家庭環境，家長要掌握寶寶思維發展的關鍵期，善用讚美和鼓勵，耐心傾聽寶寶的心聲，給寶寶創造一個民主溫馨的家庭氛圍。另外，發展寶寶的思維能力，要進行思維訓練，思維是通過訓練得到提高和發展的。

思維訓練，古已有之。我國古代的七巧板、益智圖等，都是訓練思維的好方法。古人從小學習琴棋書畫、詩歌朗誦，都是思維訓練的好形式。

★ 鍛煉寶寶的思維力

給寶寶留下思考的時間

　　寶寶回答問題往往是憑直覺，如果家長滿足於寶寶的這點「小聰明」而不去引導他對問題進行深入的思考，那麼，他們會習慣對問題不假思索地做出回答，沒有足夠的時間讓大腦啟動思維程序。所以，當寶寶遇到問題的時候，家長最好不要急於告訴他答案，而是讓他多問幾個為甚麼，多想幾種解決的方案，多幾次對自己的否定，然後在否定中尋找最佳答案。這種思維訓練在日常生活中可隨時隨處進行。

育兒案例

　　我帶 4 歲的孫子去商店買玩具，他要買獵槍。
　　我就提醒他：「獵槍很好玩，可是子彈要是射到了別人的眼睛，後果是非常嚴重的。」寶寶想了想，就提出改買水槍。
　　我問他：「如果在雪白的牆壁上噴上水，或者把水射到別人身上，你覺得合適嗎？」
　　寶寶又想了一會兒，最後決定購買電子發光和放音樂的衝鋒槍。
　　我讓他説出買這種槍的理由，他説：「這是一種又好玩又不會傷着別人，也不會弄髒牆壁的玩具。」
　　在這個過程中，我有意識地引導他對玩具的各種利弊儘量多做思考，培養了他遇事動腦筋、喜辨別的習慣。

教寶寶說話用詞達意

　　語言是思維的外殼，儘早教寶寶準確用詞，不但能防止別人曲解、誤解他的意思，而且可促使他思維活躍、思路清晰。家長對寶寶的話要多問幾個為甚麼，對他的表達要多做分析，使寶寶用詞準確、鮮明。

育兒案例

　　寶寶看到好看的東西都籠統地用一個「酷」字。可以問他「酷」是甚麼意思：
　　「酷」和「漂亮」「好看」「帥」等詞語有甚麼不同？
　　在甚麼情況下用「酷」最好呢？
　　你説「酷」的時候，心裏有一種怎樣的感覺呢？
　　幾次下來，他在説話的時候開始注意用詞。
　　有一次，他告訴我：「這件衣服很漂亮，不過，還不夠酷。」
　　這説明，他的思維正努力往準確、精細的方向發展。

✿ 如何對待寶寶問問題

寶寶是好奇好問的，父母對寶寶提問的態度和回答的方法直接影響到寶寶求知的欲望和智力的發展，那麼，為了更好地促進寶寶的求知慾和智力的發展，我們應該如何對待寶寶的提問呢？

必須接納寶寶的問題

寶寶經常提出一些令人忍俊不禁、無法回答的問題，如果家長不接納寶寶的問題，只是一笑了之，敷衍了事或粗暴制止，久而久之，寶寶就不想再問了，這將導致其智慧的萌芽逐漸枯萎。因此，家長必須接納寶寶的問題。

盡可能立即回答

寶寶注意力並不持久，如果不馬上回答，寶寶或忘掉了剛剛問的問題，或興趣降低，都會影響其智力的發展。當然，這裏所說的立即回答，並不是主張馬上把問題的標準答案直接告訴寶寶，而是說應該立即「受理」寶寶所提出的問題，並努力通過對問題的受理來促進寶寶對有關問題的思考，促進其智力的發展。

以問代答

為了鼓勵寶寶養成有問題先自己動腦筋思考的習慣，對寶寶的問題可適當地反問寶寶，反問時要啟發、引導，問題的難度要適宜。平時許多父母慣於用對與不對、可以與不可以、好與不好等肯定或否定的回答，如：

寶寶問：「媽媽，你看我算得對不對？」，媽媽回答說：「對。」

寶寶問：「爸爸，這朵花漂亮不漂亮？」，爸爸說：「不漂亮。」這樣的回答雖然簡潔明瞭，但不如這樣回答「你認為怎麼樣？」「你認為美嗎？」更能促進寶寶的思考。如果寶寶回答「不美」，你又可以這樣問：「為甚麼不美？」……，經常用反問，能促使寶寶主動積極地思考問題，並漸漸形成對周圍事物特有的、自我的認識。

有些問題寶寶問你，只是想驗證一下他自己的想法，這時你採用反問的方式正合他的心意，並且這樣的回答比你挖空心思去從科學的角度來回答更能讓寶寶感到滿足。

✳ 識字、學知識不等於開發智力

一個人在短時間內可以獲得很多的知識，但一個人很難在短時間內在智力上有很大的發展。知識和智力關係密切，人的智力是在掌握知識的過程中發展起來的，脫離具體的知識、經驗的智力是不存在的。但知識和智力又不是一回事，不能簡單地說，教寶寶認了多少字、背了多少唐詩就是開發了寶寶的智力。

智力開發愈早愈好嗎

「智力開發愈早愈好」這句話本身沒有錯，寶寶的智力是愈早開發愈好。但是，寶寶的智力發展是有規律的，家長若不懂教育規律，不懂寶寶智力發展的自身規律，不顧寶寶的年齡特點和自身發展狀況，拼命地給寶寶灌輸一些「知識」「學問」，一味超前學習，盲目開發，幼兒園學小學的知識，小學學中學的知識，這對普通寶寶而言是有害無益的。

過早學知識導致寶寶可塑性降低

出生前，寶寶大腦神經元的數量遠多於大腦實際需要的數量。出生後，隨着寶寶的成長，寶寶接受到的外部刺激愈來愈多，其神經元的聯結以令人難以置信的速度增長，這時寶寶擁有的神經元和神經聯結數量遠多於成人。在寶寶生命的早期，大腦就像是一個大膽的剪裁師，只有被經常刺激的神經元和突觸存活下來，而不經常被刺激的神經元細胞所連接的突觸就會被修剪掉。

如果寶寶過早或單純地學習知識，寶寶的可塑性就會大大降低，這也就是德國神經化學專家托馬斯‧蘇德霍夫所說的：「不要把寶寶訓練成機器。」

育兒專家提醒

左右腦平衡發展才能促進寶寶全面發展

隨着大腦的發展，左、右兩半球的功能開始出現分化，分別控制不同的功能，並以不同的方式處理信息，所控制的身體區域也不同。大腦的左半球控制着身體的右側，包括語言、邏輯、細節、理性等功能；右半球則控制着身體的左側，包括空間、音樂、藝術等功能。

過早與單純的知識學習讓寶寶的左腦得到發展，右腦卻不能很好地發展。左右腦平衡發展才能促進寶寶均衡全面發展。

父母的思維決定寶寶的前途

父母的思維不僅決定着自己的心態與命運，還會影響寶寶的前途。在原生家庭（指個體出生與成長的家庭）中，寶寶所繼承的最重要的財富就是思維方式：家人的思維方式會通過心理暗示「遺傳」給寶寶。父母不同的思維方式對寶寶的影響也大不相同。

積極父母 VS 消極父母

對家庭，有人抱着「湊合過」的心態，有人則想着「好好經營我的家」；對寶寶，有人覺得「不好好學習將來沒出息」，有人卻說「一切都會好起來」。前者是消極的思維方式，後者是積極樂觀的信念，兩者傳達給寶寶的信念和行為方式截然不同。

許多寶寶在成長過程中，不知不覺地效仿父母的思維方式，這就是心理暗示的力量。積極的心理暗示可以調動人的內在潛能，而消極的心理暗示對人的情緒、智力和生理狀態都會產生不良影響。

敢於擔當 VS 推卸責任

對待調皮的寶寶，有人覺得「沒救了」，有人卻說「沒有教育不好的寶寶，只有不會教育的父母」。這兩種思維方式對寶寶為人處世影響很大。

3～6歲被稱為「潮濕的水泥期」，是寶寶性格塑造的重要階段。其中，5歲左右的寶寶屬半被動、半理解的責任階段，開始明白「擔當自己的責任」，但沒有真正地理解甚麼是責任。假如這個時期家長教育不當，寶寶長大後就可能喜歡推卸責任，進而影響社交。

網絡點擊率超高的問答

專題

3 歲前，教寶寶識字好不好？

梁醫生回覆：讓寶寶過早辨認文字、數字、顏色、形狀，會迫使寶寶使用較低層次的思考過程，而不是發展學習能力。這就像在馬戲團裏訓練小狗一樣：當數到 3，小狗就滾在地上，它並不是真的會算術，只是在表演一項特技。這種訓練不但無助於發展寶寶的學習能力，甚至可能是有害的。

其實，寶寶的閱讀與成人閱讀不同，成人以文字為主，寶寶以圖畫為主。學齡前兒童是先閱讀，再慢慢地識字，過早地將注意力放在識字上對寶寶是有害的。識字不是 2～3 歲寶寶的主要任務，在陪伴寶寶閱讀的過程中，要培養寶寶的閱讀習慣，對畫面的觀察力、理解力和想像力。

寶寶喜歡看電視怎麼辦？

梁醫生回覆：首先，爸爸媽媽不能粗暴制止。爸爸媽媽要多花時間陪伴寶寶，還可以和寶寶商量看電視的規則，比如，可以限定每次不超過 15 分鐘。另外，爸爸媽媽要以身作則，自己首先不要沉迷於電視、電子產品中。

寶寶不聽話怎麼辦？

梁醫生回覆：樹立現代化的教育理念，對待寶寶的聽話與否，要分情況而定。在生活規矩、行為道德的培養上，要讓寶寶「聽話」；在思維方式和對待事物上，要允許寶寶「不聽話」。正確地引導寶寶，讓其具備良好的行為習慣，並且具備獨立思考、自己動手的能力。

另外，小孩的行為控制有一個漸進的過程：小時候是以父母控制引導為主，長大些是父母和孩子雙方控制，成人後是孩子自己控制。而無論哪個階段，家長與孩子的溝通交流都必不可少。

老愛問「為甚麼」，真的是寶寶好奇嗎？

梁醫生回覆： 2～3 歲的寶寶好奇心非常強，他們總喜歡問各種「為甚麼」，有時是寶寶需要一個解釋，有時是寶寶不知道怎樣用其他詞來表達自己對某件東西的好奇。

心理學分析，寶寶 10 歲之前屬對父母的絕對崇拜期。在寶寶心目中，父母是無所不能的，所以一旦父母的回答沒有使他感到滿意，寶寶就會對父母產生懷疑，內心也會比較失落。對於寶寶的提問，父母要給予充分重視，務必弄清楚寶寶發問的真正意思，如果不能夠馬上回答，可以和寶寶一起學習、探討，但一定要坦白告訴寶寶。

和寶寶說話，能用手勢嗎？

梁醫生回覆： 和語言相比，非言語交流包括手勢、動作、眼神、表情等在與嬰幼兒交流中起的作用更大。語言表達是抽象的，但如果把這種抽象的表達具體化，效果會事半功倍。比如當寶寶出現不規矩行為時，父母一邊說「不可以」，一邊做出擺手、皺眉等動作，寶寶通常會較快地接受並改正。運用手勢等肢體語言，一般要等寶寶滿 6 個月後，此時他們學會了坐，對周圍事物產生了很大的興趣，而且小手的運動能力也達到了一定程度。

寶寶過分依戀和黏人怎麼辦？

梁醫生回覆： 黏人是嬰兒發展過程中一種非常正常的情感反應。在寶寶兩三歲之前，只要離開了媽媽，他都會產生分離焦慮，是這個年齡段的寶寶黏人的主要心理基礎。

父母應讓寶寶多接觸他人和不同的環境，消除恐懼感。可以以遊戲方式進行漸進式的分離。不要因寶寶黏人而處罰他，不要嚇唬孩子說外面的人都是可怕的壞人、魔鬼或大野狼。如果你確實有事要和寶寶分離一段時間，試着告訴他，你要先離開一會兒，不過會儘快回來陪他，漸漸培養信任感和寶寶自我認知及獨處。

PART 7

寶寶的心理和情緒管理
養育是父母的一場修行

餵飽心靈，
讓寶寶的內心變強大

✱ 讓寶寶感受親密

父母表達對寶寶的關愛，可以通過觸碰肌膚，讓寶寶感受到親密的感覺。比如可以通過擁抱、親臉頰、撫摩頭部等方式來關愛寶寶。家長可以通過語言、眼神、肢體來傳達對寶寶的愛意。讓寶寶感受這種親密，能讓他在今後的生活中更健康地成長。

經常撫摸和擁抱寶寶

有研究表明，嬰幼兒時期缺乏擁抱的寶寶會非常愛哭、易生病、情緒易煩躁，而經常被觸摸和被擁抱的寶寶，其心理素質要比缺少這些感受的寶寶好得多。當抱起寶寶的時候，親親他的小臉蛋，摸一摸他的小手，捏一捏他的小腳丫，這些小動作都能使寶寶感到非常快樂。父母的每一次撫摸和擁抱，對寶寶而言，都是一次良性的刺激，而這些刺激能促進寶寶智力的發展，對其大腦發育有重要的意義。

經常跟寶寶說話

家長經常和寶寶聊天，能夠刺激寶寶的語言發展，還有穩定寶寶情緒的作用。當然，跟寶寶聊天也是要講究技巧的，聊天時要注意看着寶寶的眼睛，及時反饋他；聊天不等於嘮叨，真正懂得聊天的媽媽，會順着寶寶感興趣的東西來聊，給他更多愉悅的感受；和寶寶聊天時，還可以伴有溫和的肢體動作，比如握握寶寶的手、摸摸他的頭、摟摟他的肩等。

多回應寶寶

如果寶寶哭了，父母應及時做出反應，安慰他、抱抱他，使他安心。媽媽溫柔的擁抱和經常的親密接觸，給寶寶極大的安全感。

用你的細心和專注及時回應寶寶，和寶寶建立信任關係。有研究顯示，和媽媽建立情感依戀、從媽媽那兒獲得安全感的寶寶，會有更大的勇氣去探知周圍環境。

★ 和寶寶建立安全型依戀關係

「依戀」是一種心理發展現象，它是指嬰兒與主要撫養者（通常是母親）間最初的情感性聯結，也是嬰兒情感社會化的重要標誌。嬰兒與母親分離時，雙眼會緊緊追隨母親的行動方向，因恐懼而哭鬧；母親靠近時，嬰兒會急切地伸出小手撲向母親。與母親在一起，嬰兒倍感欣慰，並產生強烈的安全感和幸福感。如何讓寶寶建立安全型的依戀關係呢？

把握建立依戀關係的機會

依戀關係的建立開始於嬰兒 6 周，最佳形成期是 0.5 ～ 1.5 歲。在這個時期，嬰兒要與相對固定的撫養者保持經常性的交往、交流；否則，不斷更換看護人，則會使其煩躁不安、時常哭鬧，從而影響寶寶的情緒和情感發展。

保證撫育質量

在依戀關係建立時期，撫育者要隨時關注寶寶發出的信息，及時做出反應，對寶寶的照顧要體貼、周到；忽視、冷漠甚至虐待寶寶，或是經常對寶寶喋喋不休地嘮叨，都可能讓他建立非安全型的依戀關係，對其日後心理發展產生不利影響。

營造和諧的家庭環境

家庭成員之間和睦相處，家庭氣氛和諧，家庭成員與寶寶正常交往，寶寶就能在一個充滿愛的環境中建立安全的依戀關係。否則，因各種原因造成家庭氣氛緊張、家庭環境惡劣，都會不同程度地影響其情緒，進而影響依戀關係的質量。

在人之初的第一年，嬰兒心理教育的一個關鍵環節就是和母親建立安全型依戀關係，這關乎其未來是否會有一個健康的心理。

★ 理性看待寶寶的「安慰物」

很多家長會發現，寶寶隨着年齡的增長，出現對某一件東西特別的喜愛和執著，甚至沒有這樣東西就是無法正常的玩耍和睡覺。其實，這是寶寶依賴安慰物的正常表現，不要強行撤去寶寶的安慰物。隨着寶寶年齡的增長，他內在的安全感建立得愈來愈好，內心愈來愈強大，會逐漸擺脫對安慰物的依賴，勇敢地走向外面的世界。

甚麼是安慰物

安慰物，在兒童心理學上指的是寶寶在環境變化時應付情緒危機的依戀物。寶寶在嬰幼兒期，生理和心理發育都很不成熟，對父母（特別是母親）有着強烈的依戀情緒。當與親人分離後，安慰物給了寶寶精神支持和慰藉，幫助他們渡過難關。

為甚麼寶寶需要安慰物

1
缺少玩伴

2
長期與
父母分離

3
興趣無處轉移

安慰物是寶寶認知匱乏和孤獨寂寞時的一份情感寄託，就如同寶寶的朋友一樣。

家長可以多帶寶寶到戶外玩耍，多與同齡寶寶接觸，獲得愉悅體驗，並增強與他人交往的興趣，進而減少寶寶對安慰物的依賴程度。

從本質上講，依賴安慰物是由於寶寶內心安全感的缺失，而對物品轉移依戀的情況。因此家長在日常生活中要多給寶寶一些關愛和陪伴，特別是要增加親子間的身體接觸，多抱抱、親親寶寶，通過肌膚接觸來緩解寶寶的不安情緒。

在寶寶嬰幼兒時期由於生理和心理上的特點，需要各種顏色、形態、材質的玩具和書籍來進行遊戲，而缺乏這些物質的寶寶很容易出現無所事事的情況，也更容易出現依賴安慰物。

家長要多陪寶寶玩耍，準備不同種類的適合寶寶年齡的玩具，讓寶寶能夠更好地發展興趣愛好，從而降低對安慰物的依賴。

✿ 向世界微笑：和寶寶一起牽手小夥伴

因為寶寶交往經驗匱乏，加上喜歡衝動，比較以自我為中心，寶寶們之間的交往常常會面臨很多的問題，父母的處理方式不同，就有可能帶來不同的結局。那麼，在寶寶與小夥伴之間的社交活動中，父母應該起到甚麼樣的作用呢？

通過遊戲提高寶寶交往技能

當寶寶很小的時候，他們表達自己各種情緒時往往把握不好分寸，比如，當他特別喜歡某個小朋友時，很可能會去拽對方一下、推對方一下，於是他這種表達友好的行為就可能引發戰爭。要讓他明白自身行為可能會對他人產生怎樣的影響，最合適的方式就是通過扮演遊戲來告訴他一切。比如，父母可以分別扮演小朋友，以不同的方式交往，然後在交往中把問題揭示出來，再通過表演將正確的交往方式傳遞給寶寶，讓他自己通過觀察悟到他究竟應該怎麼做。

給寶寶更多表達自己的機會

很多寶寶都有怕生或害羞的問題，父母可以創造一些機會讓他向別人展示自己的特長，練習在他人面前恰當地表達自己，以合適的方式向他人提出要求等。

不要過分袒護自己的寶寶

有些家長為了維護自家寶寶的利益而一味地袒護自己的寶寶。實際上，兒童的交往衝突對他的成長也是非常有益的，正是通過爭奪玩具、相互追跑、扭打，寶寶們了解了他我關係、物我關係，學會了客觀、獨立地看問題。過於袒護或保護會引起不良後果，使寶寶自我中心的意識膨脹，認為自己甚麼行為都是對的，而別人做甚麼都是錯的，這樣反而降低了寶寶的交往能力。

✳ 愛，讓寶寶快樂成長

在生活中，家長要給予寶寶真誠的愛。給寶寶打造一片愛的天空，會讓寶寶成為一個有思想、有愛心、有擔當的人。愛有四種語言，每一種愛都能體現父母對寶寶的關注。

愛的第一種語言：關注寶寶的優點

寶寶還小，需要更多的鼓勵。家長平時要多關注寶寶身上的優點，並鼓勵寶寶朝着自己夢想的方向前進。

及時的表揚猶如生病及時服藥一樣，對年幼的寶寶會產生很大的作用。一旦發現寶寶表現出色應及時表揚，這樣會收到良好的教育效果。

寶寶的年齡、性別、性格、愛好不同，其所需的表揚方式也不盡一樣。如小寶寶喜歡父母的摟抱和愛撫；而對稍大的寶寶，一個特定的手勢、一個微笑、一個眼神都是表揚的方式。表揚的方式長期重複也會失去效用，所以表揚方式也應注意要有新意。

愛的第二種語言：用心與寶寶交流

作為父母，在你努力向寶寶表達愛意的同時，也一定得努力、認真地去傾聽寶寶的各種話語。

父母在與寶寶説話之前，要先蹲下來或者坐下來，和他處在同一水平面，用他的視野看世界，這樣你才能真正理解和感知他所處的環境。教他也學着看着你的眼睛説話，這種眼神交流非常重要，可讓緊張的寶寶放鬆下來。

如果父母在聽寶寶説話的同時，還能給予「我明白」「你一定很不開心」「真棒」這樣的反饋，會讓寶寶感受到，他的話對你真的很重要。

愛的第三種語言：
讓寶寶懂得感恩

　　讓寶寶去關心另一個小生命的成長，它可以是一株植物、一隻小動物，寶寶在付出愛後才會更加珍惜得到的愛。但 3 歲內的寶寶領悟能力畢竟有限，家長要在恰當的時候對其進行有益的啟發和引導，如讓寶寶每週給花澆水，或者在他忘記照顧花朵的時候提醒他。

　　在德國，寶寶剛學會走路的時候，父母就特意在家裏養小兔、小狗等小動物，並讓寶寶在親自照料小動物的過程中學會愛護弱小的生命。

愛的第四種語言：
從小培養寶寶的同情心

　　有研究表明，寶寶出生 3 個月時，如聽到另一個寶寶的哭聲，會出現反應；9 個月的寶寶看到別的孩子跌倒了，他的眼裏會湧出淚水，並撲到媽媽的懷抱裏尋求安慰；15 個月的寶寶看到小朋友哭鼻子時，會拿出自己的玩具去安慰，以示同情。

　　同情心是孩子在社會交往中最早表現出的一種情感反應，應給予重視和培養，讓純真的愛心成為道德情感的基石。富有愛心的孩子自然會較自覺地關心集體，關心他人，也更容易融入社會生活。

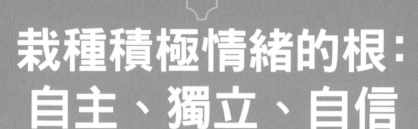

栽種積極情緒的根：自主、獨立、自信

★ 爸媽禁語：好父母從不說

男孩女孩生來就不一樣，父母的教育也應有所區別。女孩似乎總被要求文靜、聽話，男孩太愛哭、成績不好也總是成為父母眼中的問題……時間久了，次數多了，父母就可能說話過火。在心理學家眼中，父母在教育子女時，有些最忌諱的話請別對孩子說。

女孩篇

女生要有個女生的樣兒

有些小女孩跟小男孩一起做遊戲，玩得滿頭大汗。媽媽看見就說：「女生要有女生的樣子，別跟個野小子似的！」一般來說，3歲左右的寶寶即可識別自己的性別，並自然而然地遵從內在的性角色要求，表現出行為上的性別差異。此後，女孩變得文靜，愛玩家家酒；男孩變得活潑，愛玩刀槍棍棒。經常被父母從性別上加以否定，寶寶會感到困惑，並因為自己沒能符合家長的期待而難過。

怎麼又把自己弄得髒兮兮的

女孩玩得渾身是泥巴，爸媽會很不高興地說：「你是女孩子，別把自己弄得髒兮兮的。」女孩從小就被教育要愛乾淨、說話和聲細語，加上天性敏感，如果經常被父母批評「髒兮兮」「不講衛生」等，女孩可能會感到羞恥，自尊心受到傷害。事實上，女孩完全可以跟男孩一樣，盡情嘗試喜歡的東西。

你怎麼可能做得到

「你是女孩，怎麼能做得到，讓爸爸來。」女孩更容易受到媽媽爸爸的寵愛和過度保護。但如果從小就灌輸這種限制性思維模式，讓她覺得自己不如男性，很多事情做不了，今後就很難獨立，甚至在婚姻中可能依附於男方。養女孩，同樣要用鼓勵取代限制，在合理安全的範圍下讓她勇敢地嘗試。

甚麼都別說，微笑就好

女孩常被教育要矜持，要笑臉迎人，即使不開心或者想要甚麼，也必須壓抑在心裏。事實上，長期壓抑不利於其表達能力的培養，還可能讓寶寶心理變得扭曲。父母要教女孩學會正確表達情緒而非隱藏情緒，開心的時候就要笑，生氣時就要說出來，自然大方的女孩最受歡迎。

育兒專家提醒

正確的親子溝通法──「非暴力溝通」

1. 陳述事實，比如「你的衣服上都是泥」。
2. 陳述自己的感受，比如「這樣媽媽會覺得很煩惱」。
3. 陳述產生這種感受的理由，比如「因為我要洗很多衣服」。
4. 提出自己的期望，比如「你以後可不可以不要趴在地上玩」。

男孩篇

你就不能學學 ××

對於自尊心強、有競爭意識的男孩來說，總被見都沒見過的同齡人比下去，相當沒面子──「你就不能向 ×× 學習？」「你看 ×× 那麼優秀，再看你自己。」這樣說，會傷害到寶寶的自尊心，激勵效果適得其反。

不許哭，別像小姑娘似的

生活中常有這樣的畫面：家長責令男孩不許哭，寶寶反而哭得更厲害。家長總是喜歡用「男兒有淚不輕彈」來阻止男孩哭泣。一方面，如果連哭都受到呵斥，寶寶就會慢慢壓抑自己的真實感情，將來可能影響情緒的自然表達。另一方面，經常給男孩「像小姑娘」這樣的心理暗示，反而會強化他們心中的性別認同，寶寶今後會變得更愛哭，甚至出現性別認同障礙。

再不好好學習，以後掃大街去

男孩的發育比女孩稍慢，再加上男孩生性好動、淘氣，常被家長認為學東西慢、學習不認真。家長要仔細觀察、詢問，幫寶寶分析「不如別人」的原因。如果寶寶總被灌輸「自己不如人」的意識，久而久之就可能破罐破摔，以後真的變得很差。

怎麼這都幹不了

很多大人覺得理所應當或非常簡單的事情，對寶寶來說未必如此。經常這樣否定男孩，會引起他們的恐慌、羞恥感。還有些家長秉持完美主義，可能會讓寶寶形成強迫型人格障礙。寶寶沒有做好某件事時，家長應耐心鼓勵、幫忙找原因，讓寶寶再次嘗試。

✿ 給寶寶自由成長的空間

父母給寶寶自由的發展空間，並不是對寶寶放手不管，而是根據寶寶的意願，順應寶寶的天性，對寶寶進行合理引導，讓寶寶自主發展，讓寶寶更加愉快、健康、自由地成長。

寶寶也要有民主

家庭教育的過程中，家長對寶寶採取過多的命令也會對寶寶的心理產生負面的影響。有些家長總是以命令的口吻要求寶寶、教育寶寶，讓寶寶完全按照家長的意願做事，而不理會寶寶是否對這些事情感興趣。若寶寶的行為不符合家長的想法，則會命令寶寶停止，再命令他們「改正」過來。

這種教育方式不利於寶寶天性的解放，會導致寶寶歡樂少、思維不開闊，不利於將來的發展。

給予寶寶充分的自主權

寶寶之間發生衝突，很多時候都是因為爭搶玩具。按照傳統的做法，我們應該提倡禮讓，因此，很多父母就有可能在別人家的寶寶來搶自家寶寶玩具的時候，設法說服自己的寶寶把玩具讓給小弟弟（小哥哥、小姐姐、小妹妹）玩一會兒，結果把自己的寶寶搞得很傷心，這種社交方式會帶給寶寶很多不愉快的體驗，他的自尊心、自信心、安全感都會因此深受打擊，這樣的寶寶長大後可能不知道如何行使自己的權力，凡事都不敢主動去爭取，變得自卑怯弱。

父母應該讓寶寶明白，玩具是自己的，可以自由去支配。引導寶寶們各自介紹自己的玩具，有興趣的兩人互相交換玩具玩。在這個過程中，讓寶寶學習向對方提出自己的意願、建議，表達自己的需求。

育兒專家提醒

父母少管點，寶寶執行力更強

美國《心理學前沿》雜誌刊登的一項新研究發現，有更多時間自由活動的寶寶，其執行能力──包括計劃安排、解決問題和自主決策的能力更強。分析指出，兒童期「計劃時間」少些，有助於促進寶寶執行能力的培養，以後成功的概率會更大。

✿ 獨立，這樣開始

幼兒教育學家蒙特梭利說：「教育首先要引導寶寶走獨立的道路，這是我們教育關鍵性的問題。」「教是為了不教」，葉聖陶先生的這句至理名言也道出了教育的真諦。那麼父母在家庭生活中該從哪些方面着手培養寶寶的獨立性呢？

創造鍛煉機會，培養寶寶的自理能力

在現實生活中，有些家長怕累着寶寶，怕寶寶做不好自己重新做太麻煩，因而不讓寶寶做一些力所能及的事；還有一些家長認為，吃飯、穿脫衣服等生活技能是不用訓練的，寶寶長大自然就會。其實這些觀念都是不正確的。

從兒童發展的觀點來看，不給寶寶鍛煉的機會，就等於剝奪了寶寶自理能力發展的機會，久而久之，寶寶也就喪失了獨立能力。在家裏，家長可以根據寶寶的興趣和能力，因勢利導，通過具體、細緻的示範，從身邊的小事做起，由易到難，教給寶寶一些自我服務的技能，如學習自己擦嘴、擦鼻涕、洗手、刷牙、洗臉、穿衣服、整理床鋪等。

不過，父母千萬別疏忽了，當寶寶完成一項工作後，父母要給予適當的肯定和讚賞。當寶寶的存在價值被肯定，他們會感到無比的興奮和快樂，在很大程度上增進了寶寶的自信心。

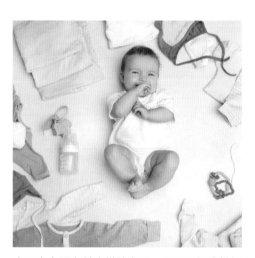

今天寶寶要穿甚麼樣的衣服，父母已經準備好了，寶寶基本上不用考慮這些問題。其實，我們只要稍微轉變一下教育方法，比如讓寶寶自己選擇穿甚麼衣服，就可以得到完全不同的教育效果。

遵循成長規律，培養寶寶的勞動能力

有目的、有計劃地培養寶寶的勞動能力，不僅可以有效地促進寶寶肌肉的發育和完善，動作的協調發展，還能促進其智力發展。寶寶在「我自己做」的過程中，能不斷增強自信心，提高獨立思考、獨立做事或解決問題的能力，這有助於良好個性品質的形成。

★ 3 歲前，實現和寶寶分床睡

自己睡覺，是寶寶學會獨立的重要一步，也能讓父母輕鬆一些。可是，許多寶寶習慣了和父母睡在一起，要自己單獨睡還真不容易。以下幾點建議可能有助於實現分床睡：

1 找出寶寶不願意自己睡覺的原因

當夜幕降臨時，他會害怕甚麼東西出現嗎？他是想以此獲得家長的關注嗎？是不是有你沒注意過的噪聲影響他的睡眠？是不是他的臥室太暗了？他是不是不喜歡自己的床或者床上用品？

發現問題後，及時找到對策，就能進行下面的步驟了。

2 寶寶上床前的程序或儀式

比如上床前，可以給寶寶洗個澡，給他講睡前故事或唱一首歌。做這些事情可以讓他明白睡覺的時間到了，慢慢他就習慣了這一睡前儀式。

3 給一些「保護」，讓他有安全感

有些寶寶如果知道有可以依賴的保護時，會更容易接受這種「分離」。比如，可以給他一個大娃娃，作為他睡覺時的朋友，告訴他娃娃可以在晚上守護他。

4 給臥室加盞小夜燈

有些寶寶特別怕黑，不妨在他們的臥室裏多加一盞小夜燈。

5 多點耐心

或許在開始分床睡的幾天，你的努力不會有成效。在寶寶真正可以安心獨自睡覺之前，要堅持之前的努力，千萬不要中斷。

✱ 增強寶寶的自信心

　　幼兒自卑心理在情感上表現為對人對事懷有畏懼情緒，在行為上表現為退縮，在個性上表現為缺乏信心，這種心理對其未來的人生發展極其不利。那麼，家長應該怎樣幫寶寶克服自卑，樹立自信呢？

用寬容和指導替代消極的評價

　　父母對寶寶的批評、消極的評價往往比「失敗、錯誤」本身更能打擊寶寶的自信心。特別是幼兒，他們自己還沒有很好的分辨能力，父母說他「笨」，他就會以為自己很笨。所以，當寶寶犯錯或失敗的時候，要以寬容的態度對待寶寶，收起「你真笨」「沒用」「甚麼事都做不好」的評價，幫助寶寶找出犯錯的原因，必要時教給寶寶避免犯錯的技巧，讓寶寶明白怎樣做才是正確的。

幫助寶寶掃清挫敗影響

　　比如寶寶看到爸爸回來了，跑去幫爸爸拿拖鞋，卻把鞋架上其他的鞋子也弄到地上了。先不能責怪寶寶，等寶寶把拖鞋拿給爸爸後，可以和寶寶一起去把掉在地上的鞋子撿起來放好。注意，一定要讓寶寶參與，寶寶親手把殘局收拾好，不僅不會讓他覺得自己剛才很失敗，反而增強了他的自信心：雖然我剛才做得不好，但是我有能力消除這個不好的影響，我有能力彌補。

克服寶寶膽怯害羞的心理

　　多為膽怯的寶寶創造一些交往和溝通的條件和機會。父母要帶着寶寶多去拜訪別人，多參加一些聚會，寶寶會在觀察父母與別人交往的過程中學到不少東西。同時，在熟悉的環境中寶寶會比較放鬆，膽子會大起來，逐步產生自信。

　　寶寶自己的交往圈子也很重要。父母在適當的時候放手，讓他單獨和不同年齡的小朋友一起玩。跟大寶寶玩，能學會遵守規則；跟小寶寶玩，可以學會照顧別人。

給寶寶立規矩：建立規則與秩序感

✿ 如何給寶寶立規矩

「吃完飯再去玩」「吃飯的時候不要看電視」……父母會發現要求寶寶做該做的事，簡直是在「對牛彈琴」，而別人家的寶寶不用父母說就自覺完成，為甚麼會有這樣的區別呢？其實，這是給寶寶立規矩與否的區別。要給寶寶從小立規矩，但不能急於求成，得順應寶寶能力的不斷發展而增加難度。

立規矩要嚴肅

「你看你像甚麼樣子，亂扔玩具，再亂扔我就揍你了！」大吼大叫比聲音，以此來給寶寶立規矩是沒有多大作用的。父母在給寶寶立規矩時要嚴肅，但不應大吼大叫，更不要嬉皮笑臉。

立下的規矩必須遵守

立下的規矩就必須遵守，比如不許亂扔垃圾，不僅僅是在家裏要遵守，在外面也一樣，不能家裏一套外面一套、今天一套明天一套，會讓寶寶無所適從。

要讓寶寶有個適應過程，讓他自己逐漸學會遵守。例如，寶寶喜歡亂扔東西，父母就要告訴他：「如果你再扔，就會失去最喜愛的玩具。」寶寶每次扔東西都會受到懲罰，以後每當他要扔東西時，想到的不是扔東西的樂趣，而是失去玩具的痛苦。

違反規矩一定要馬上指出

寶寶違反規矩一定要馬上指出，不要用「看我回家怎麼收拾你」之類的話來敷衍帶過，這樣會讓寶寶形成僥倖心理，規矩慢慢就會喪失約束力。

立規矩不是不講情面

立規矩要在堅持原則的基礎上給寶寶關愛，在寶寶情緒不好或者哭鬧反抗時，別忽視他的心理感受，應給予安慰，引導他正確對待規矩。

★ 幫助寶寶建立秩序感

著名幼兒教育家蒙特梭利認為：兒童的本性是有序的，秩序對兒童是內在的需要。因此。通過給寶寶建立基本的符合人性、文明的規則，可以使寶寶在自然的成長中奠定一生最基本的社會化基礎，並同時積累起自信心。

規則從秩序出發

1 歲以內的嬰兒，不需要特意為其制定規則，而是要充分尊重和維護寶寶本能的秩序感，讓寶寶培養良好的生活習慣。

1 歲左右，寶寶迎來自己的秩序敏感期，很多父母會發現，寶寶對物品放置的位置、做事情的順序都有着執著和強烈的要求。

可以為 1 ～ 2 歲的寶寶準備一個玩具架，引導他把玩具放到架子的固定位置，這種各就各位的方法，可以提升寶寶的空間秩序感。

秩序感可以從遊戲開始

當寶寶與其他小朋友玩遊戲的時候，蒙特梭利認為，0 ～ 6 歲有這樣的基本規則：

1 粗野、粗俗的行為不能有。

2 別人的東西不可以拿，自己的東西自己支配（在 1 ～ 2 歲需要讓寶寶建立物權觀念，首先要尊重寶寶的物權）。

3 歸位——從哪裏拿的放回哪裏（秩序感未被干擾的寶寶會自然地學習這樣做，這同時帶來安穩有序的感覺）。

4 誰先拿到的誰先使用，後來者必須等待（請等待，輪流按序是遊戲的基礎）。

5 不可以打擾別人（首先學會做到不打擾寶寶）。

用行為管理手段建立秩序感

1 給寶寶制定每日活動的常規，讓寶寶預先知道要發生甚麼，比如要去商店買東西，今天晚上要洗澡等。

2 買個小鬧鐘或報時器，幫助寶寶建立秩序感和規律。比如洗澡多少時間，看電視多少時間等，到時就「叫停」。想讓寶寶做他不情願做的事，也給他約定一個時間，在鬧鐘鈴響之前做完的話就獎勵他。

3 給寶寶清晰的指令。如果任務太複雜，可分成幾個小步驟指導他做。

建立秩序感的訣竅

1
培養物權意識

物權意識是最初的「界線」，讓寶寶知道「我的」「別人的」，我的東西別人不能隨便動，別人的東西我也不能想拿就拿。要知道，寶寶是處在學習過程中的，他們會不厭其煩地試探，所以這個規則，父母和寶寶要共同遵守。不可趁寶寶不注意，將寶寶的玩具或零食偷偷地分享給其他小朋友。

建立了強烈物權意識的寶寶懂得玩具或零食的歸屬。然後，他們學習向對方提出自己的願望、建議或等待輪流玩的機會，並且有能力愉快地接受「不」這樣的回答。

2
增強寶寶的
專注力和耐力

你一定觀察過寶寶獨自一個人玩耍時的表現。原來，當寶寶不受干擾地沉浸在自己喜歡的遊戲中時，是那麼的專注、富於耐心——他們嘟嘟囔囔地一個人在地板上、沙發上、牆上開汽車；他們不知疲倦地奔跑、騎車……

寶寶天生具有專注力，他們在遊戲玩耍中傾注了巨大的熱情，這就是耐心、堅持、自製力的源頭。此時，父母應該克制自己，不去干擾寶寶的玩耍，讓他們有機會按自己的需要在遊戲中完成成長的工作，建立真正自覺的紀律。當然，通過生活常規，鼓勵、約束寶寶去完成較持久的活動，也能增強寶寶的專注力和耐力。

3
延遲滿足，
練習等待

當寶寶還很小的時候，最重要的是給他安全感和充分的愛。在此基礎上，可以開始讓寶寶練習等待，從等待沖泡奶粉的 1 分鐘，語言上的「媽媽馬上來了，請等待」，到和寶寶一起收拾玩具。

在玩遊戲、去超市的時候，講解等待、排隊的意義；讓寶寶再一次嘗試自己撿起地上的玩具；從商量吃零食的限度，約定看電視的時段，到逛公園的時候多走一段路再休息……

 # 怎樣應對寶寶入學問題

有些寶寶在兩歲半就已經入園了，但是大部分寶寶還是 3 周歲開始入學。送寶寶去幼兒園不僅是對寶寶的考驗，也是對爸爸媽媽的考驗。在送寶寶入學之前要做哪些準備？寶寶入學會遇到哪些心理問題？應該如何面對、如何解決？爸爸媽媽要心中有數。

 ## 是否具備基本的入學能力

在爸爸媽媽準備將寶寶送入學之前，可以給寶寶做個小測試。

- 會自己用勺子吃飯、用杯子喝水嗎？
- 會自己洗手、洗臉、擦嘴嗎？
- 大小便能自理嗎（或能否清楚表達自己大小便的意願）？
- 會穿脫鞋襪以及簡單的衣服嗎？
- 具有一定的語言表達能力了嗎？
- 能聽懂別人的話，能自由地和別人交流嗎？

 ## 如何讓寶寶自願入學

1　平時讓寶寶自己選擇一個「再見」的遊戲，幫助他逐漸習慣媽媽不在身邊。在離開之前也要告訴他「媽媽去工作了，下班後就會回來陪你玩」。

2　提前帶寶寶去幼兒園參觀。最好是在其他小朋友都在的情況下，這樣寶寶就可以親身體驗幼兒園的生活。並且鼓勵寶寶與其他小朋友一起玩，以增加他對上幼兒園的期待。

3　和寶寶一起準備入學的物品，給寶寶更多的自主權，比如入學用的小書包、小杯子之類的，寶寶喜歡哪個就用哪個，以此減輕寶寶入學的焦慮感。

4　入學前，應對寶寶多介紹幼兒園裏各種有趣活動。當寶寶向父母提出一些好奇問題時，可在解答之餘告訴他：「你就要上學了，有好多有趣的知識可從老師那裏學到。」從而喚起寶寶對老師的尊敬和熱愛之情，激發寶寶對未來新環境的嚮往。切忌用「再鬧，等你到了幼兒園，讓老師來管你！」這種話語來嚇唬即將入學的寶寶。

網絡點擊率超高的問答

寶寶怕黑怎麼辦？

梁醫生回覆：很多寶寶都有怕黑的經歷。黑暗中視物模糊，更容易讓寶寶產生不確定感，引發緊張或關於鬼怪的聯想。家長可以這麼做：

1. 跟寶寶聊聊黑暗中的感受，了解他在怕甚麼。要反復安慰寶寶，告訴他很多人都有這樣的經歷，爸爸媽媽會多陪着他，給他力量。
2. 可以和寶寶看看關於黑暗的繪本，比如《你睡不着嗎，小小熊？》等，還可以跟他在燈影下玩玩手影遊戲，逐漸接受黑暗下的生活。
3. 對於怕黑的寶寶，家長沒必要強迫他自己睡。如果寶寶堅持要開燈睡覺，可以在房間裏裝一盞小夜燈，讓寶寶抱着自己最喜歡的毛絨玩具睡覺。
4. 父母自己不要對黑暗驚慌失措，這樣才能把正面情緒傳遞給寶寶。

寶寶犯錯需要給點小懲罰嗎？

梁醫生回覆：寶寶會本能地懼怕犯錯和危險。如果寶寶犯錯，父母安慰為先，等寶寶情緒平復後，再一邊給他講道理，一邊指導他該如何正確處理。對寶寶要合理「懲罰」，目的是讓寶寶知道犯錯是需要「補償」的，其代價視事情嚴重程度而定。懲罰的具體方式可以根據各家情況而定，比如可以讓寶寶做些家務，作為「勞動補償」；也可以限制他看卡通片的時間，作為「娛樂補償」等。

如何培養寶寶的快樂情緒？

梁醫生回覆：快樂是一種情緒，也是一種性格。父母要給予寶寶足夠的自由度，經常與寶寶進行朋友似的溝通。在教育寶寶時，也從尊重他們的角度出發，多採用正面教育、多鼓勵，例如「你真棒，畫得真不錯，如果再多選些顏色就更漂亮了。」另外，要尊重寶寶的興趣愛好，發現其快樂的源泉。快樂雖然對每個成人來說都是不一樣的體驗，對孩子來說卻是大同小異。他們會為了得到一個玩具而快樂，會因為老師的一聲讚揚而快樂，會為了獲得一顆五角星而快樂。

寶寶急救指南

快速應對突發意外

吞入異物

✿ 異物不同，應對方式不一樣

寶寶吞入異物的情況一般分為三大類：氣道異物、食道異物和胃腸道異物。寶寶吞進的異物可大可小，性狀各異，因此一旦發現寶寶吞進異物，首先應該判斷寶寶的狀況。

氣道異物最危險

氣道異物卡在喉管或支氣管處最危險，多見於 2 ～ 5 歲兒童，他們在吞入異物後大多不會表達或表達不清。家長可以根據以下情況來判斷：寶寶在進食或活動時突然停止，開始出現陣發性大聲嗆咳、喘息伴哮鳴音、面色青紫、呼吸困難等症狀。

發現寶寶吞食異物後，有些家長不知道如何急救。然而，如果處理方法不當，往往會使異物深入或造成併發症使情況惡化。

兒童吞食異物「十大殺手」排行	
1. 花生	6. 紐扣
2. 瓜子	7. 豆類
3. 硬幣	8. 吊墜
4. 筆頭	9. 電池
5. 雞骨頭、魚刺等骨頭類	10. 髮夾

一些家長發現情況後，用手摳異物，可能會造成局部水腫、出血，加重呼吸困難；給寶寶喝水可能會造成異物進一步膨脹，或使異物順水進一步向下走；繼續進食，則會使異物下行，並導致異物和食物難以辨認；實施催吐則可能導致異物卡死。

穩住陣腳，及時求救

異物的種類、性質不一樣，處理的方法也不一樣。發現寶寶吞食異物後，最好的辦法是第一時間到醫院進行檢查，確定異物大小形狀及異物的位置。或者立即撥打急救電話 999，並說明寶寶的情況。

父母千萬別自亂陣腳，隨意挪動或者劇烈搖晃寶寶都是不恰當的行為。一定要自己先冷靜下來。

⭐ 遭遇寶寶吞食異物，父母要學習的 2 個急救法

最好的急救方法是預防

　　嬰幼兒感知世界的最常用方式就是吃，而他們不知道甚麼能吃甚麼不能吃。兒童吞食異物造成傷害的最重要原因是家長疏忽監管。因此，家長應該嚴加注意，做好預防。

　　比如，叮囑寶寶不要隨便將東西放入口內，也不要將小東西放在身邊；玩玩具前，先檢查是否有零部件鬆散或脫落；儘量將食物切小切碎讓寶寶食用；進食時避免嬉笑、説話、行走、跑步。

　　另外，家中的細小雜物不要讓寶寶接觸，尤其寶寶一個人玩耍時更要注意。給寶寶食用帶硬殼的食物時，一定要剝乾淨，不要讓寶寶自己拿取。

「海姆立克」急救法

5 次拍背法

將寶寶的身體置於大人的前臂上，頭部朝下，大人用手支撐寶寶頭部及頸部；用另一手掌掌根在寶寶背部兩肩胛骨之間拍擊 5 次。

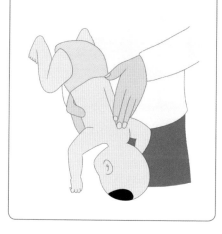

5 次壓胸法

如果堵塞物仍未排除，實施 5 次壓胸法。使寶寶平臥，面向上，躺在堅硬的地面或床板上，大人跪下或立於其足側，或取坐位，並使寶寶騎在大人的兩大腿上，面朝前。以兩手的中指或食指放在寶寶胸廓下和臍上的腹部，快速向上重擊壓迫，但要剛中帶柔。重複按壓直至異物排出。

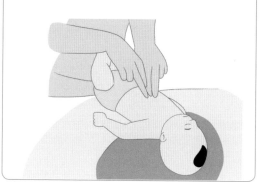

異物進入眼耳鼻

✿ 異物進入眼睛

異物不小心進入眼睛看似是一件小事，但如果沒有及時處理，很可能會導致結膜炎甚至角膜炎。

1 按住寶寶雙手

眼睛會因異物入侵而產生不適感，寶寶難免會用手去揉眼睛，這可能導致眼睛更大的傷害。所以，當懷疑寶寶因眼睛有「髒東西」而去揉眼時，首先應將寶寶的雙手按住，以制止他再去揉眼睛。

2 準備熟水、湯匙

迅速準備一碗乾淨的熟水（必須是經過煮沸的自來水或礦泉水），用湯匙盛水來沖洗眼睛。

3 向受傷的一側傾斜

將寶寶的頭部傾向受傷眼睛的那一面，如左眼受傷則向左側傾斜，慢慢用熟水沖洗受傷的眼睛約 5 分鐘。

4 閉起眼睛

待不適感稍稍緩和，可試着閉起眼睛讓眼淚流出，讓異物隨淚液自然流出眼睛。

5 立即送醫

由於家長很難自行判斷異物是否已經取出，或對眼睛有無傷害，因此建議無論異物取出與否，應立刻帶寶寶到醫院做進一步檢查。

✱ 異物進入耳朵

寶寶耳內存在異物的情況比較常見，容易被人忽視，家長應充分重視。若取物方法不當，容易造成耳內感染甚至引發更嚴重的併發症，進而導致寶寶聽力障礙。

耳中異物「取之有方」

1 ▶ 如果進入耳內的是比較圓滑的東西，且接近外耳道的入口，在寶寶配合的情況下，家長可以用鑷子、挖耳勺等將異物取出。如果是尖銳的東西，則需要到醫院就診。

2 ▶ 若寶寶耳朵進了蟑螂等，家長切忌用手去拽、摳。因為蟑螂等生物有爪子，若受到外界的刺激，它會拼命往裏爬，可能會造成耳道損傷。

3 ▶ 如果鑽入耳朵的是蛾蠓、蜱蟲等，可以先在耳朵內滴上幾滴植物油，填滿耳道即可。這樣可以將耳內的蟲子淹死，或者滴點嬰兒油、酒精，蟲子就會窒息而死，然後把耳朵朝下，蟲子會連同油流出。隨後則要到醫院就診，進行必要的清理。另外，家長還可用光照射耳朵，因為蟲子具有向光性，可利用光線將蟲子誘出。

難取異物應及時求醫

不常見的異物家長最好不要自行掏取異物。因為人的外耳道是Ｓ形的，內部有狹窄區域，若自取方法不當，一方面可能把異物尤其是球形異物愈捅愈深，另一方面容易引起外耳道炎，有時這種炎症很難控制，而且會破壞外耳道的自潔功能。此外，自行掏取異物容易損傷外耳道皮膚而引發感染，甚至導致耳膜穿孔。一旦耳朵被掏傷，伴有血跡，則應立即到醫院就診。

育兒專家提醒

異物入耳，就醫有訣竅

要選擇去正規醫院的耳鼻咽喉科就診，請醫生檢查寶寶的外耳道。如果寶寶耳朵的確有異物，則請有經驗的醫生取出。醫院都會有一個應急流程，家長可掛急診，不用排隊。

★ 異物進入鼻腔

寶寶鼻腔進入異物是常見的急診疾病，但家長處理往往不得法，把好處理的事變得難處理，增加危險。

切忌亂掏

小寶寶玩耍時自己不知道危險，從而好奇地把異物塞進鼻孔裏，常見的有花生、黃豆、鋼珠、電池、珍珠、口香糖、塑料泡沫等。

和感冒不一樣，鼻腔異物只會引起單側鼻孔堵塞，一般不會引起明顯的症狀。因此很多時候寶寶不會哭鬧，慌張的只是家長。只要家長不試圖強行取出異物，寶寶往往一路玩到醫院，有時在路上，異物就自己隨着鼻腔分泌物滑出。比如，經過一路顛簸，寶寶鼻腔裏的黃豆也許會自行滑出，可如果家長亂掏，黃豆被捅到鼻腔後部，要取出來難度就加大了。

及時送醫

發現鼻腔異物時，家長切忌盲目鉗夾，這樣不但會引起寶寶不安、煩躁，還容易將異物送入鼻腔深部。人的鼻腔前段是軟鼻甲、後段是硬鼻甲，異物愈往裏會卡得愈緊，個別球形物品甚至會滑入氣管。如果出現這種情況，就可能需要纖維支氣管鏡取異物了，這需要全身麻醉進行，風險大大增加。

和沒有受過專業訓練的家長相比，醫生通常選擇的是「套擠」方式——即把鑷子伸到異物後方拉出，也可以在特殊的體位下，把異物送進咽喉部。這樣取異物可以迅速解決問題，也不會留下任何後遺症。

育兒專家提醒

發現寶寶鼻腔異樣，切勿在家自行處理

由於很多時候鼻腔異物沒有特異症狀，有時粗心的家長在寶寶的鼻子堵塞幾天後才發現，有些植物類異物如黃豆都腐敗變臭了，有些異物也變成了結石與周圍組織粘連固定。這種情況就必須選擇手術切開取異物了。因此，家長應多留意寶寶的舉動，如果發現寶寶異樣，應及時送醫，切勿在家自行處理，以免造成嚴重後果。

溺水及窒息

★ 首先保證呼吸道通暢

當溺水的寶寶被救上來後，我們應該怎樣做呢？首先我們要判斷他的意識、呼吸是否存在，然後清除口鼻異物，迅速控水等。

被救上來後判斷是否有呼吸

拍打刺激寶寶（嬰兒要輕拍足底，同時呼喊其名字；1歲以上的寶寶要輕拍雙肩），及時觀察他的呼吸，如果他有反應、有呼吸、能哭，需要馬上為寶寶保暖，讓寶寶側臥或坐直，同時家長要隨時觀察寶寶的狀態，讓寶寶在心理上得到安撫。

按正確方法清理口鼻污物

溺水的寶寶經常會有泥沙、水草堵塞氣道，所以要檢查寶寶口鼻有沒有泥沙和水草。如果嘴裏有泥沙和水草，用小拇指把泥沙、水草取出來。然後，用一隻手扶住寶寶的額頭，另一隻手的食指放在他的下巴處，輕輕讓頭部後仰，這個動作可以開放被懸雍垂由於重力的原因下墜造成的氣道阻塞。

有呼吸要迅速控水

如有呼吸，將寶寶面朝下抱起，迅速控水。最簡便的方法是：救護者一腿跪地，另一腿出膝，將溺水者的腹部放在救護者的膝蓋上，使其頭部下垂，然後按壓其腹部、背部排出體內的水。

✿ 根據口鼻大小做人工呼吸

如果寶寶無呼吸但有心跳，即「假死狀態」，這時需要第一時間實施人工呼吸。

根據口鼻的大小做人工呼吸

人工呼吸根據寶寶口鼻的大小，如果是比較大的兒童，可以進行口對口的吹氣，如果是小嬰兒，可以進行口對口鼻的吹氣。吹氣的時間為 1 秒鐘，間隔 1 秒鐘再吹，兩次通氣大概 4 秒鐘完成。

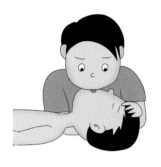

兒童（1 歲以上）
進行口對口的吹氣

嬰兒（0~1 歲）
進行口對口鼻的吹氣

育兒專家提醒

人工呼吸的注意事項

只要看到胸部或腹部有明顯的起伏就可以了，注意在吹氣的時候也要保持氣道的通暢，千萬不要一吹氣又把下巴給壓下去了，這樣反而會造成氣道的梗阻，或者把氣吹到胃裏，造成胃反流，使氣道的管理更加困難。

根據身材大小做胸部按壓

如果寶寶無呼吸無心跳，這時需要立即就地進行心外按壓，同時撥打急救電話。如無法同時進行，先進行 5 組心肺復甦，再撥打急救電話。需要指出的是，心肺復甦的按壓是很專業、很講究方式力度的，如果未經過訓練，不要輕易嘗試。

根據兒童的身材大小做胸部按壓

一定要根據兒童的身材開始做胸部按壓，如果是小嬰兒，可以用兩指在他的兩個乳頭中線下方進行按壓；如果是四五歲的兒童，可用手掌在他胸部的正中間，掌根的位置放在他兩個乳頭連線的中點和胸骨交界處，放上去，進行單掌按壓或者是雙掌按壓；如果是大孩子，可以進行雙掌按壓。

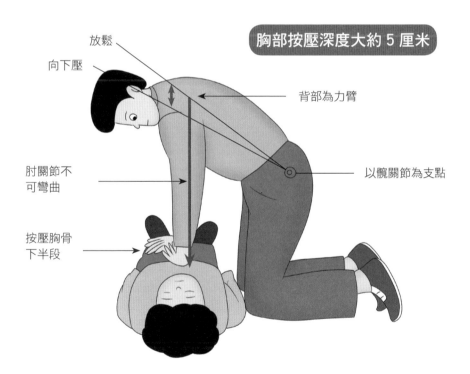

放鬆

向下壓

胸部按壓深度大約 5 厘米

背部為力臂

肘關節不可彎曲

以髖關節為支點

按壓胸骨下半段

胸部按壓有講究

按壓的深度大約 5 厘米，或者是整個胸壁厚度的 1/3 左右，按壓的頻率是每分鐘至少 100 次。

劃傷、撞傷、燙傷

✿ 手部出血

　　寶寶是非常活躍愛動的，在活動、遊戲時經常會被樹枝、尖刀等劃破小手。父母該怎麼辦？

快速止血法

指頭出血

當寶寶指頭出血時，父母可以用自己的手指按壓寶寶受傷的指頭，這樣就可以起到止血的作用。

掌心出血

寶寶掌心出血時，父母可以用力按壓寶寶腕關節內的橈動脈止血，即我們通常所說的脈搏處。

育兒專家提醒

避免劃傷

　　媽媽要將各種尖銳物品放好，使它們遠離寶寶，否則寶寶很容易在玩耍這些物品時紮傷或劃傷自己。寶寶在外面玩耍時應遠離灌木叢，寶寶在經過灌木時容易被枝條劃傷。

護理措施

消毒

可以在寶寶傷口處用複方碘或碘伏等擦拭消毒，防止寶寶傷口感染。

裹紗布

消毒後，可用乾淨的紗布將寶寶傷口處包緊，這樣可以避免空氣中的細菌侵蝕傷口或再次出血。

控制抓撓

長期包紮的傷口會有酸麻的感覺，這時要控制寶寶抓撓傷口，否則很容易導致傷口破裂。

✱ 鼻出血

在乾燥多風的季節，寶寶很容易流鼻血，尤其是北方地區，室內室外空氣濕度都很低，寶寶鼻腔內的分泌物會結成乾痂，鼻黏膜會因為乾燥而不舒服，寶寶就會經常不由自主地用手摳鼻子，導致脆弱的鼻黏膜血管破裂出血。

寶寶鼻子出血不要慌

鼻出血前往往沒有任何徵兆，所以，寶寶可能會被這突如其來的情況嚇得大哭。此時媽媽不要慌亂，應該按下面的步驟做：

1 一邊安慰寶寶，一邊讓他坐下，但不要讓寶寶過分後仰，防止血液向後流入咽喉，引起不適。

2 媽媽一手扶住寶寶的後腦勺，一手用拇指和食指稍用力壓住寶寶鼻翼兩側。一般壓迫 5～10 分鐘即可止血。

3 如果用壓迫的方法還不能止血，可用醫用脫脂棉球填充寶寶的鼻腔，要儘量填充得緊一些。同時，在寶寶的鼻樑部位放冰袋或用冷水浸濕的毛巾冷敷，也可收縮鼻部血管，幫助止血。

護理措施

在室內使用加濕器、放個水盆或種一些綠植，增加室內空氣的濕度。

如果寶寶鼻腔比較乾燥，可以用鼻腔護理噴霧劑（兒童型）每天噴鼻 2～3 次。

糾正寶寶愛摳鼻子的壞習慣，防止機械刺激導致鼻黏膜血管破裂。

多給寶寶喝水，多吃水果蔬菜，肉類、油膩食物不要吃得太多，保持寶寶大便通暢。

加濕器最好堅持每天換水，使用一周左右按說明書清潔一次。

★ 頭部撞傷

　　寶寶成長過程中常常會發生磕到頭、撞到手臂等意外，特別是撞到頭時，家長總是擔心會不會傷到腦子。寶寶跌傷或撞傷時，應立即做好應急處理，然後根據受傷程度判斷是否需要送醫。

可先在家觀察的情況

- 意識狀態良好，撞傷後，叫他有反應，和他對話也能比較清楚地回答或做出反應。
- 有出血但出血不多，通過紗布按壓等方式能止住。
- 哭鬧，但哭鬧時間不長，能漸漸自行平息。

需立即就醫的情況

- 意識模糊，神情呆滯、昏迷或半昏迷，叫他沒有反應，講話突然變得語無倫次，嗜睡。
- 出血較多，一時無法將血止住。
- 哭吵不止，極度煩躁，長時間無法安撫。
- 骨骼異常，撞傷部位骨骼凹陷。

急救方法

按壓

如果寶寶頭部傷口出血量較多，媽媽需要及時按壓寶寶頭部的血管。如果是寶寶面部出血，媽媽可以用拇指壓迫下頜角與頦結節之間的面動脈；如果是寶寶前額出血，媽媽可以用拇指壓迫耳前下頜關節上方的顳動脈；如果是寶寶後腦勺出血，媽媽可以用拇指壓住耳後突起下稍外側的耳後動脈。切忌用力按壓。

及時送醫

出血嚴重時可用衛生紙、紗布壓迫包紮止血，然後立即送醫處理。送醫時應讓寶寶平臥，頭側向一邊。

育兒專家提醒

防止寶寶在家磕着碰着

　　為了防止寶寶頭部碰傷，媽媽可以將室內那些離地面不高的物品移走或用防磕物品包裹桌角處等，這樣一來，淘氣的寶寶就不容易撞頭了。另外，寶寶頭部碰傷很多時候是滑倒造成的。為了防止寶寶滑倒，可以在地面鋪上一層防滑物，並及時擦去地面上的水。

護理措施

1

觀察外傷

如果跌傷後沒有皮損、出血等情況，應觀察寶寶是否有凹陷性骨折和血腫，前囟未閉的寶寶，需輕輕按壓感覺其是否飽滿，如果有異常，應立即送醫院。

2

有腫塊時──冰敷

受傷 24 小時內局部用冰塊冷敷可緩解症狀。可以用毛巾包裹冰塊或冰袋，敷在腫塊處，以減少出血和疼痛。24 小時後應局部熱敷，以促進瘀血的吸收。

3

合併有傷口時──消毒、止血

如果傷口不大，可以用蘸有碘伏的消毒棉棒從傷口中央由內向外環狀清洗傷口，消毒範圍距傷口邊緣 2 厘米以上；之後以乾棉球、棉棒或紗布拭淨。需要特別注意的是，一根消毒棉棒只能擦拭 1 次，動作要輕柔。

4

包紮傷口

消毒後可以用紗布包紮傷口。最好不要在寶寶傷口擦拭紅藥水或止血粉等藥物。要定期為寶寶更換包紮傷口的紗布，以免感染，影響傷口癒合。

5

定期複診

如果寶寶出現嚴重的顱腦損傷，經治療後，仍需定期回醫院檢查。部分顱腦損傷，如顱內出血，出院時陳舊性出血未完全吸收，腦脊液循環未完全通暢，腦組織仍暫時受壓。因此，必須在寶寶出院後 1 周內到醫院檢查其吸收恢復情況，必要時行康復治療，以將後遺症減至最少。

✿ 摔倒磕傷

寶寶摔倒碰傷在所難免，皮膚擦傷、腫脹時應該如何處理呢？

皮膚擦傷

1 傷口上的髒物可能會引起感染，因此需要堅持無菌操作。可用熟水、礦泉水或自來水沖洗損傷部位，確保沒有髒東西留在裏面，防止感染。

2 擦乾傷處，覆蓋乾淨紗布。避免使用碘酒，以免增加寶寶的痛苦。

3 如果擦傷部位比較大，或者有滲出物，最好使用醫用消毒紗布覆蓋，緊急情況下可用乾淨的手絹、毛巾、紙巾作為替代品敷在擦傷處。禁止使用麵粉和牙膏敷在擦傷處。注意，擦傷部位如果是手指或腳趾，不要把手指或腳趾纏得過緊，以免影響血液循環。

應對腫脹

1 撞傷時，可用冰塊冷敷腫脹處，減輕疼痛。

2 第三天起採用熱敷（不要燙傷寶寶），每天 2～3 次，直至消腫。

育兒專家提醒

寶寶撞傷，這些行為不能有

不要用手直接去觸摸擦傷的皮膚，甚至去撕扯，以防細菌侵入；不要用手去揉壓腫脹處，以免瘀血不散，自然而然消腫最好。

★ 燙傷

在洗澡、喝水的過程中，時常會出現因為父母的操作不當，或者寶寶亂動而導致燙傷的發生。寶寶燙傷不要慌張，及時採取應對措施。

1 剪開衣服

切忌胡亂扯下患兒的衣服，這樣會增加衣物對燙傷表皮的摩擦，加重皮膚燙傷的損害，甚至會將受傷的表皮拉脫。可以拿剪刀將衣物剪開。

2 涼水浸泡或冷毛巾敷於創面

如果是面積不大的肢體燙傷，可用冷水浸泡20～30分鐘，這樣可以減輕損傷和疼痛；如果是其他部位的燙傷，也可用冷毛巾敷於創面，但切忌摩擦創面。因為用冷水處理創面可以帶走燙傷皮膚內殘存的熱量，減輕進一步的熱損傷，使創面迅速冷卻下來。

3 避免亂塗藥物

涼水沖過後用乾淨的毛巾或床單吸乾傷口部位，可塗些燙傷膏。創面過大，應立刻送往醫院診治。
燙傷後亂塗牙膏、醬油、白酒、碘酒、酒精等物，可能會引起感染，還會增加醫生觀察和處理創面的難度。

育兒專家提醒

寶寶燙傷
不要接觸性冰敷

不要用冰塊直接冷敷傷處，過冷的刺激會對皮膚造成更大的傷害；不要塗潤膚霜，防止引起進一步的過敏症狀。

動物咬傷和蚊蟲叮咬

★ 貓狗咬傷

　　每年會有數百萬人被狗咬傷，以及數十萬被貓咬傷的病例。其中 3/5 被狗咬傷的是兒童。要知道狂犬病感染後不及時處理的死亡率幾乎百分之百，因此，別把寵物抓傷或咬傷當作小事。如果遇到這類事情，應馬上採取緊急處理措施。

1 沖洗傷口

如果被狗咬出血了，要馬上用流動的水沖洗傷口，盡可能把毒素沖走，把血擠出去。如果有條件，最好用 20% 的肥皂水進行沖洗，連續沖 20～30 分鐘。被狗咬傷的傷口往往外口小、裏面深，這就要求沖洗的時候盡可能把傷口擴大，並用力擠壓周圍軟組織，設法把沾在傷口上的狗的唾液和傷口上的血沖洗乾淨。

2 傷口消毒

用碘酒消毒，再用酒精洗掉碘酒，如此反覆 3 次。如果傷口大量出血，儘快到正規醫院讓醫生對傷口進行清理和包紮。千萬不要自行包紮傷口或將傷口緊緊裹住，要儘量讓傷口裸露在外。

3 接種疫苗

儘快到當地防疫部門注射狂犬病疫苗，如果當時不能去，也要在 24 小時內到醫院注射第一針狂犬病疫苗，決不能拖幾天才去注射。在 28 天之內要完成狂犬病全程的疫苗注射。

育兒專家提醒

被貓狗咬傷後，這些行為不要有

　　不要用手去擠壓處理後的傷口，防止傷口感染；不要用唾沫去殺菌，盡可能採取科學保守的救治方法。

✦ 蚊蟲叮咬

新陳代謝快的人容易被蚊蟲叮咬，因此小寶寶易遭蚊子襲擊。儘管蚊蟲叮咬多不嚴重，一般在 2～3 天內會自行好轉，但有的蚊蟲叮咬會出現嚴重的過敏反應，有時還會危及生命，那麼如何預防寶寶被蚊蟲叮咬呢？

帶寶寶就醫的情況

- 叮咬局部明顯腫脹及疼痛
- 蕁麻疹及全身癢
- 耳朵及嘴唇嚴重腫脹
- 突然出現呼吸急促，喘息，呼吸困難
- 無力甚至失去意識

當寶寶出現上述嚴重的過敏反應時，就應立即去醫院。

如果蚊蟲叮咬的症狀在 48 小時還未好轉或局部出現感染，比如紅腫、刺痛或出現化膿、發熱，也需要帶寶寶去看醫生。

科學護理

- 用毛巾對叮咬部位進行冷敷。可以把沾濕的毛巾放入雪櫃凍一會再冷敷，或按壓叮咬處。
- 可用爐甘石洗液塗抹叮咬處。
- 剪短寶寶指甲，避免寶寶抓搔感染。

預防蚊蟲叮咬的措施

1 ▶ 當寶寶外出玩時，特別是晚上，儘量讓寶寶穿輕薄的長衫和長褲，以減少寶寶的皮膚裸露。

2 ▶ 儘量不要給寶寶用香皂、香波或其他有強烈氣味的物品，因這些容易招引來蚊蟲。

3 ▶ 室內儘量不要存放開封的零食或飲料，最好把這些食物放入雪櫃，因為這些食物易招引蚊蟲。

4 ▶ 給寶寶用兒童專用的驅蚊藥，且注意正確使用。

✴ 螫傷

　　天氣炎熱的夏天往往是蜂蝶類昆蟲活動的高峰期，天性活潑好動的寶寶很容易被小區綠地或是公園中的蜂蟲螫傷。尤其是一些有毒的蜂蟲，對寶寶健康的威脅極大，家長帶寶寶外出時應特別小心。

蜂螫傷有哪些表現

　　一般常見的蜂有蜜蜂和馬蜂，蜂螫人是靠尾刺把毒液注入人體，只有蜜蜂螫人後把尾刺留在人體內，其他蜂螫人後將尾刺收回。被單個蜂螫傷，一般只表現為局部紅腫和疼痛，數小時至 1～2 天內自行消失。

　　蜂毒過敏者可引起蕁麻疹、鼻炎、唇及眼瞼腫脹、腹痛、腹瀉、噁心、嘔吐，個別嚴重者可致喉頭水腫、氣喘、呼吸困難、昏迷等。

先檢查傷口，取出蜂刺

　　被蜜蜂螫傷後，要仔細檢查傷口，若尾刺尚留在傷口內，可見皮膚上有一小黑點。可用鑷子、針尖挑出，在野外無法找到針或鑷子時，可用嘴將刺在傷口上的尾刺吸出，不可擠壓傷口以免毒液擴散，也不能用紅藥水、碘酒等藥物塗擦患部，這樣只會加重患部的腫脹。

不同蜂毒的消毒處理

蜜蜂螫傷

蜜蜂的毒液呈酸性，所以可用小蘇打水、肥皂水、氨水等鹼性液體洗滌塗擦傷口以中和毒液。也可用生茄子切開塗擦患部以消腫止痛。傷口腫脹較重者，可用冷毛巾濕敷傷口。

黃蜂螫傷

因其毒液呈鹼性，所以用弱酸性液體中和，如食醋、人乳塗擦患部可止痛消癢。

馬蜂螫傷

用馬齒莧嚼碎後塗在患處可起到止痛消腫作用。

中暑

✱ 如何判斷寶寶是否中暑了

當外在溫度太高時，易對身體造成傷害，輕度的傷害會使寶寶大量流汗，而當寶寶水分流失過多，就可能產生輕度中暑或熱衰竭現象，家長千萬不要以為寶寶只是一般的發熱感冒，應及時採取消暑措施。

寶寶中暑的徵兆

中暑前的徵兆	輕度中暑的徵兆	重度中暑的徵兆
頭暈、頭疼、汗多、口渴、行走不穩、注意力不集中。	體溫升高、面色潮紅、胸悶、皮膚乾熱、噁心、嘔吐。	大量出汗、面色蒼白、脈搏細弱、抽搐甚至昏迷、發熱、脫水。

熱衰竭的急救

重度中暑也稱熱衰竭。遇到這種情況，應將過多的衣物脫掉幫助寶寶散熱，用冷水（開始時不要用太冷的水，要逐漸降低水溫）擦拭寶寶身體、補充水分（應補充熟水、純果汁或淡鹽水，絕不可以給寶寶喝含有咖啡因的飲料）。如果寶寶嘔吐，則不可以喝水，必需趕緊送醫急救。

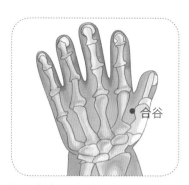

如果寶寶一直昏迷不醒，可以用大拇指按壓合谷等穴位。

★ 寶寶中暑後的急救措施

　　當寶寶出現輕度中暑症狀時不要驚慌，只要按照以下步驟，積極採取適當的保護措施，寶寶的情況就會好轉的。

1 ▶ 立即將寶寶移到通風、陰涼、乾燥的地方，如走廊、樹蔭下或有冷氣的房間休息。

2 ▶ 讓寶寶仰臥，保持呼吸道通暢，解開衣扣，脫去或鬆開衣服，用濕毛巾擦拭全身以降溫；如寶寶的衣服已被汗水濕透，應及時給寶寶更換衣服，同時打開電扇或空調，以便儘快散熱，但風不要直對着寶寶吹。

3 ▶ 在寶寶意識清醒前不要讓其進食或喝水，意識清醒後少量多次飲淡鹽水，補充足夠的水分和鹽分，每次飲水量以不超過 300 毫升為宜。也可以給寶寶喝一些鮮果汁，還可口服藿香正氣水等。

中暑後，單純補白開水容易造成電解質紊亂，應喝淡鹽水（可在淡鹽水裏加點冰糖或白砂糖），以補充水分和電解質。

育兒專家提醒

寶寶中暑後三忌

忌大量飲水：切忌狂飲不止，以免沖淡胃液，進而影響消化功能，還會引起反射性排汗亢進，造成體內水分和鹽分大量流失，嚴重者可導致熱痙攣的發生。

忌大量食用生冷瓜果：中暑的寶寶脾胃尚處於虛弱狀態，如果大量吃生冷瓜果，會損傷脾胃陽氣，使脾胃運動無力，寒濕內滯，出現腹瀉、腹痛等症狀。

忌吃大量油膩食物：中暑後應該少吃油膩食物。油膩食物會加重胃腸負擔，使大量血液滯留於胃腸道，輸送到大腦及其他部位的血液相對減少，人體就會感到疲憊加重，更容易引起消化不良。

★ 外出時如何預防寶寶中暑

天熱帶寶寶外出，預防中暑很關鍵，主要應注意以下幾個方面：

1

夏日帶寶寶到戶外玩耍，最好控制在上午 10：30 前和下午 4：00 以後，以保證寶寶在溫度相對低的時段出來活動，即便在這些時候，也要讓寶寶儘量在陰涼處活動，避免陽光直曬，同時避免讓寶寶劇烈運動，以防出汗過多。

2

給寶寶穿透氣性好的衣服，如純棉質地或真絲質地的衣服，顏色儘量淺一些，這樣不至於吸收太多的熱量，款式要寬鬆，便於透風。

3

天氣炎熱，寶寶容易晚睡晚起，生物鐘被擾亂後，寶寶易體力下降、耐熱能力減弱。其實，愈是氣溫升高時，愈應讓寶寶嚴格按照以往形成的作息規律起居。

4

由於氣溫高寶寶出汗多，因此要經常進行水分的補充，除了多喝溫水外，還可以給寶寶喝些綠豆湯等。在戶外活動時，也要適時給寶寶喝水，回家後餵點淡鹽水或吃點西瓜都是不錯的選擇。

5

如果是帶着還不會走路的小寶寶出來玩，不要把寶寶放在童車裏固定在一個地方不動，因為太陽不停地移動，光線也會隨之變化，原來不曬的地方，過一會兒有可能就被太陽曬着了。

育兒專家提醒

寶寶夏季外出必備

防曬霜： 6 個月以上的寶寶外出遊玩，可以塗抹防曬係數 15 以上的防曬霜。

帽子： 最好是帽檐很大可以耷拉下來遮住寶寶的耳朵和脖子的那種帽子。

保溫壺或保溫瓶： 這裏的保溫指的是保持低溫，因為高溫情況下食物、飲料容易變質。

充足的水： 高溫下水分消耗快，寶寶需要飲用大量的水。

太陽鏡： 要給寶寶配備兒童專用的太陽鏡。

小手巾或紙巾： 用來擦汗或臨時遮陽。

食物中毒

★ 上吐下瀉，注意是否食物中毒了

　　食物中毒是由於進食被細菌及其毒素污染的食物，或攝食含有毒素的動植物而引起的急性中毒性疾病，一般可分為細菌性（如大腸桿菌）、化學性（如農藥）、動植物性（如河豚、扁豆）和真菌性（毒蘑菇）食物中毒。

主要傳染原　變質食品、污染水源。

主要傳播途徑　不潔手、餐具和帶菌蒼蠅。

主要症狀　以噁心、嘔吐、腹痛、腹瀉為主，往往伴有發熱、出汗。吐瀉嚴重的還會發生脫水、酸中毒，甚至休克、昏迷等症狀。

小孩比成人症狀更嚴重　與成人比較，寶寶的消化道面積相對較大，腸壁的通透性又高，攝入等量的毒素後中毒概率更高，症狀更嚴重。

育兒專家提醒

寶寶腹瀉別忘補液

　　過去，人們常為了終止腹瀉而不敢喝水，但對一個上吐下瀉的人來說，補充水分是當務之急。在這種情況下，以喝口服補液鹽為最好。同時，在腹痛想排泄的時候，最好儘量把握如廁的機會，將穢物全部排掉。

★ 食物中毒的家庭應急措施

寶寶一旦出現上吐下瀉、腹痛等食物中毒症狀時，千萬不要驚慌失措，應冷靜地分析發病的原因，針對引起中毒的食物以及吃下去的時間長短，及時採取如下應急措施：

1 催吐

對中毒不久而無明顯嘔吐者，可先用手指、筷子等刺激其舌根部的方法催吐，或取食鹽 20 克，加開水 200 毫升，冷卻後一次喝下以減少毒素的吸收。如催吐後嘔吐物已為較澄清液體時，可適量飲用牛奶以保護胃黏膜。如在嘔吐物中發現血性液體，則提示可能出現了消化道或咽部出血，應暫時停止催吐，立即就醫。

2 導瀉

如果吃下去的中毒食物時間較長（如超過 2 小時），而且精神較好，可採用服用瀉藥的方式，促使有毒食物排出體外。

3 利尿

大量飲水，稀釋血中毒素濃度，並服用利尿藥。

4 解毒

如果是吃了變質的魚、蝦、蟹等引起的食物中毒，可取食醋 100 毫升，加水 200 毫升，稀釋後一次服下。若是誤食了變質的飲料或防腐劑，最好的急救方法是用牛奶或其他含蛋白質的飲料灌服。

育兒專家提醒

緊急處理後及時就醫

以上緊急處理只是為治療急性食物中毒爭取時間，在緊急處理後，患者應該馬上送入醫院進行治療。同時注意要保留導致中毒的食物，如果身邊沒有食物樣本，也可保留患者的嘔吐物和排泄物，以方便醫生確診和救治。

✿ 如何預防寶寶食物中毒

配方奶儲存、沖泡得當

配方奶應保存在低溫乾燥的地方，不要儲存在雪櫃中；沖泡前先洗淨手，並確定奶瓶、奶嘴、瓶蓋等沖調器具已煮沸消毒。營養豐富的配方奶是細菌最佳繁殖地，必須現沖現喝。

購買新鮮、安全食材

購買肉菜瓜果要注意新鮮乾淨。不要採摘、撿拾、購買和食用來歷不明的食物。也不要給寶寶吃生魚片、烤制的生蠔、醃制的水產品，因為這些水產品中大多含有一定量的病菌和寄生蟲，易引起中毒。

冷藏、冰凍食品再烹飪有講究

雪櫃冷藏室溫度應保持在 10℃以下，生熟食要分開用容器存放。從雪櫃裏取出來放置 2 小時以上的熟肉等，不要再給寶寶食用。冰凍的肉類，在烹調前應徹底解凍，解凍過的禽畜肉及魚類不宜再次冷藏。

餐具常消毒，衛生要做好

製作加固食物的器具以及寶寶的餐具，洗淨之後要定期進行消毒，如菜板等工具可用煮沸的水反覆沖洗；抹布洗乾淨之後，再放到日光下曝曬 1 小時以上，以確保膳食安全，截斷食物中毒的源頭。

父母要養成良好的個人衛生習慣，烹調食物和接觸生肉或活禽後要及時洗手。寶寶要養成飯前飯後、大小便前後洗手的好習慣。

不吃變質食物

儘量不要給寶寶吃市售的加工熟食品，如各種肉罐頭、肉腸、袋裝燒雞等，這些食物中含有一定量的防腐劑和色素，容易變質，特別是在炎熱的夏季。飯菜要現做現吃，避免吃剩飯剩菜。

寶寶吃錯藥，第一時間做甚麼

在醫院裏，經常看到父母急匆匆地帶着寶寶來看急診，說是寶寶誤吃了不該吃的藥！對寶寶來說，花花綠綠的藥片和糖果沒甚麼區別，而且，寶寶對藥物的耐受力不如成人，一旦吃了不該吃的藥，很可能會造成嚴重的後果。下面告訴家長一些寶寶吃錯藥的家庭應急處理法。

誤吃普通中成藥、維他命、止咳糖漿等毒副作用小的藥物

讓寶寶多喝熟水，這樣可以使血液中的藥物濃度得到稀釋，並通過多排尿，將藥物及時排出體外。

誤吃有劑量限制要求的藥物

有的藥物毒副作用較強，且有一定的劑量限制，如降壓藥、退熱鎮痛藥、抗生素及避孕藥等。如果發現寶寶誤服了這些藥，要迅速用手指或筷子等刺激寶寶的舌根（咽後壁）催吐，然後喝大量水，反覆嘔吐洗胃。催吐和洗胃後，讓寶寶喝幾杯牛奶，以保護胃腸道黏膜。

誤吃外用藥

外用藥大多具有毒性及腐蝕性，寶寶誤吃了應盡快處理。如果寶寶誤喝了碘酒，要趕緊給寶寶喝麵糊、米湯等澱粉類流質食物，因為澱粉與碘作用後，能生成碘化澱粉，毒性就大大減小了。隨後還必須把這些化合物催吐出來，反覆多次，直到嘔吐物不顯藍色為止。

> 註：上述家庭急救措施完成後，應立即送寶寶到醫院觀察、救治。去醫院時，一定要帶上寶寶錯服藥的包裝和說明書，供醫生搶救時參考。

育兒大百科

作者
梁芙蓉

編輯
Eva　Jamie

美術設計
Carol Fung

排版
劉葉青

出版者
萬里機構出版有限公司
香港鰂魚涌英皇道1065號東達中心1305室
電話：2564 7511
傳真：2565 5539
電郵：info@wanlibk.com
網址：http://www.wanlibk.com
　　　http://www.facebook.com/wanlibk

萬里機構

萬里 Facebook

發行者
香港聯合書刊物流有限公司
香港新界大埔汀麗路 36 號
中華商務印刷大廈 3 字樓
電話：2150 2100
傳真：2407 3062
電郵：info@suplogistics.com.hk

承印者
中華商務彩色印刷有限公司
香港新界大埔汀麗路 36 號

出版日期
二零一九年四月第一次印刷

本書繁體版權由中國輕工業出版社授權出版
版權負責人：林淑玲 lynn1971@126.com